抱住棒棒的自己

徐慢慢心理话 著绘

浙江文艺出版社
Zhejiang Literature & Art Publishing House

果麦文化 出品

序 心灵的事，慢慢来

非常开心，我们平台的虚拟形象心理咨询师徐慢慢，终于要出书了。

徐慢慢的漫画非常成功，吸引了上百万的读者，相信你只要读上其中两三个故事，就会体会到其魅力。

为什么要以漫画为载体

多年前，刚开始运营微信公众号时，我就很希望我们能有一个漫画团队，用漫画来讲心理学。

之所以这样想，是因为我深深地知道，图像更有力量。

为什么这么说呢？

这要讲到弗洛伊德的一个理论。请注意，不是徐慢慢的那只猫"弗洛伊德"，而是真实的"老弗爷"——心理学家弗洛伊德。

弗洛伊德说，我们有两个思维系统：一个是初级思维过程，它的语言是图像；一个是次级思维过程，它的语言是文字。

从成长角度而言，人的心智需要从初级思维过程进入次级思维过程，这样才能进行抽象的思考。

但这也导致了一个问题：次级思维过程太好使，我们容易过度使用它，但次级思维过程是缺乏创造力的，创造力主要藏在初级思维过程中，也就是图像中。

所以，深具创造性的人在思考时，都会有意无意地使用图像。

例如，爱因斯坦的各种伟大发现，并非是公式性的推导，相反，是非常视觉性的思考。

我是超级摄影发烧友，买了很多昂贵的摄影器材，这是想沉浸在以图像为主的初级思维过程之中。

如果你学习过心理咨询就会知道，在咨询中，当来访者呈现重要的"意象"，这就是非常值得探讨的对象。

也就是说，用图画来呈现案例，讲述故事，会比用文字来得更真实、更疗愈、更直达人心。

"徐慢慢"漫画团队的组成

不过，从文字到图像，事情会变得复杂很多。

像码字这种事，一个人可以全盘搞定，但如果要用图像来表达，哪怕只是漫画这种相对比较简单的图像，也需要一个团队的配合。

我们现在有一个小小的漫画团队，叫"徐慢慢心理话"。他们探讨了各种心理学理论，记录了很多咨询案例，和我们工作室的咨询师们共同创造出了徐慢慢，通过徐慢慢的视角去观察社会焦点，用徐慢慢的口吻来讲述大家的故事。

他们探讨的议题，有人类永恒关注的"爱"和"恐惧"，也有新时代的竞争焦虑，比如"优秀"和"躺平"。

当然，也有我们这个社会一直面临着的议题，也是我一再强调的议题——活出自己，成为自己。

前面我提到，图像更需要创造力，而创造力并不是天马行空的想象力，它首先是一种真实。

所以围绕着徐慢慢的这一切——无论是名字、人物、世界，还是案例素材等，都是漫画团队的小伙伴们所了解到的真实事物。

这种真实，首先打动了他们的潜意识，然后才能触动这么多读者的潜意识。

我常常受不了一些国产影视剧，因为其中有两个问题：情感不对，逻辑不对。看着看着就会产生一种"浮着"的不踏实感。以我的了解，有不少创作者经常误以为那些故事可以任意揉捏。其实不是，好的故事，必须来自真实。

我们漫画团队的小伙伴们，在集体创作的时候，就一直秉承这个宗旨——真实。

故事要真实，道理也不能瞎编，全部来自那些资深的咨询师、著名的学者乃至心理学大师们。

所以你看，"徐慢慢心理话"呈现出来的一个又一个故事，都有着基本的结构：一个故事，一个道理。这个故事真实地发生了，这个道理也有非常可靠的讲述者。

也就是说，我们这个创作团队，并非是从自己的头脑中生出这些故事，而更像是一个管道，在真诚地传输一些普遍的、共同的人性。

从这个意义上讲，也可以说，创造来自皈依。

徐慢慢，作为这个时代的一名咨询师，她面对的来访者的困扰，也是这个时代最经典的那些议题。

例如：卓越强迫症和强大恐惧症。这也是我提出的一对概念。

所谓卓越强迫症，是"不优秀不配活"，这几乎是我们文化中所有人都会面临的一个问题。我们中很多人从小就被教育：你必须成为一个无比卓越的人，才有价值；只有第一名，才有意义。

在卓越强迫症的驱赶下，绝大多数人都在朝前跑，都在拼命努力，我们也因此成了世界上最勤劳的族群。

然而，与此同时，我们又有强大恐惧症，即，当我们真的变得强大时，内心又会充满恐惧。

因为强大的人会被嫉妒。我们有很多类似的说法，"枪打出头鸟""木秀于林，风必摧之""出头的椽子先烂"等等。

卓越强迫症和强大恐惧症的交互作用，让我们多数人变得很拧巴、很纠结。

尽管我们已经很努力了，最后却发现，既没有变得足够优秀，又无法活出自己，对自己缺乏基本的接纳。

这些问题，普遍能在徐慢慢的来访者身上看到。同时，在徐慢慢自己身上也可以看到。

徐慢慢想跟大家分享什么

我们的漫画团队，给徐慢慢构建了一个可爱、温馨的小世界：

佛系的老公老赵，活泼的儿子小航，一只叫"弗洛伊德"的猫，以及它的孩子，一只叫"为什么鸭"的小鸭子。

徐慢慢有自己的情结，有自己的咨询师，在这个可爱、温馨的小世界的支持和包容下，她也在一步步成长，一点点接纳自己。同时，她也在帮助诸多的来访者学习接纳自己。

焦虑，是我们这个族群共同的问题，而相应地，接纳自己，也是我们都需要学习的。

相信我，在你读了两三个徐慢慢的故事后，你会感受到一种自我接纳的力量。

也许，你还会像她的名字一样，试着慢下来一些。

快，能制造效率，然而慢下来，才能体验到存在之美。

我们的社会和文化太重视效率了，然而生命这么长，世界这么大，我们的生命不能都用到"有用"的事物上，我们还要去敞开自己，去体验生命，体验存在之美。

当你能真正慢下来，体验到存在之美后，你会发现，慢就是快。不能体验到存在之美的快，就必然导致内卷。

著名心理学家申荷永老师说："心灵的事，慢慢来。"

这也是徐慢慢的漫画，想传递给大家的。

愿你能慢慢学会接纳自己，体验到存在之美。

人物介绍

徐慢慢

是一位貌美如花、勤勤恳恳的心理咨询师，
也是一位成长中的妈妈和铲屎官。
温柔又坚定，感性且理智。努力和拖延并存。
希望能陪着你一起，慢慢向上。

老赵

徐慢慢的老公，程序员，兼职"家庭煮夫"。
随便活着一男的，但其实大智若愚，是徐慢慢
的"精神充电站"。
目前是一名（常常空手而归的）钓鱼爱好者。

小航

慢慢和老赵的儿子，一个 9 岁小男孩。
活泼开朗，脸皮厚，
脑中装着各种天马行空的想法，
时常语出惊人。

弗洛伊德

一只 4 岁的小肥公猫（已绝育）。
品种：银渐层 + 橘黄串串
高冷，对人类不屑一顾，拥有不少"猫生"智慧。
后来因为一些意外，被迫练习当一个"男妈妈"。

目 录

PART 1 情绪

累了，就安心当个废物吧
如何真正做到自我接纳 002

越想改变，问题就越顽固
自我调节时的对抗心理 011

"丈夫出轨，孩子背叛，确诊抑郁"
如何走出难熬的至暗时刻 020

"这么不容易，你是怎么扛过来的？"
每个人都是解决自己问题的专家 029

中年危机？多谈几次"恋爱"就好了
心流：人类意识的最优体验 038

"我正在慢慢慢慢慢慢地好起来"
来自抑郁症患者的自愈指南 046

你会如何讲述你的人生？
"叙事疗法"是怎么安抚人的 057

PART 2 自我成长

"我只是没有努力而已，要不然早成功了"

为什么你会自我妨碍 071

如何变成自己想要的样子？

"解决问题"不应该是你唯一的目标 082

怕说错话，怕做错事？

我们不会因为"保持正确"被爱 092

"那我到底该怎么做才能变好？"

其实你可以带着问题生活 102

自律这件事，注定是痛苦的吗？

请再多一些给自己的爱和期待 111

PART 3 亲密关系

为什么有些关系，越努力越不幸福？

快乐要先给自己 122

什么样的爱情，才是最好的？

如何判断亲密关系是好还是坏 132

如何毁掉一段婚姻？试图改造你的爱人

如何放下"应该思维" 142

"不花老公的钱"，是独立女性最大的谎言

我们真正需要的，是有所依赖的独立 152

期待能拥有一个好的伴侣来治愈自己？

那你更需要一个"没用"的伴侣 162

PART 4 亲子关系

没有回应，家也是绝境

浅谈孩子的"存在性焦虑" 172

"爸爸说随便买，我买了漫画书他却生气了"

你给出的是自由还是伪自由 182

"你选爸爸还是选妈妈？"

孩子应该是父母的和事佬吗 192

孩子太情绪化了？

如何应对孩子的"敏感期" 203

"我要怎么来引导他喜欢学习呢？"

我的建议是，最好别引导 212

PART I 情绪

01 累了，就安心当个废物吧

如何真正做到自我接纳

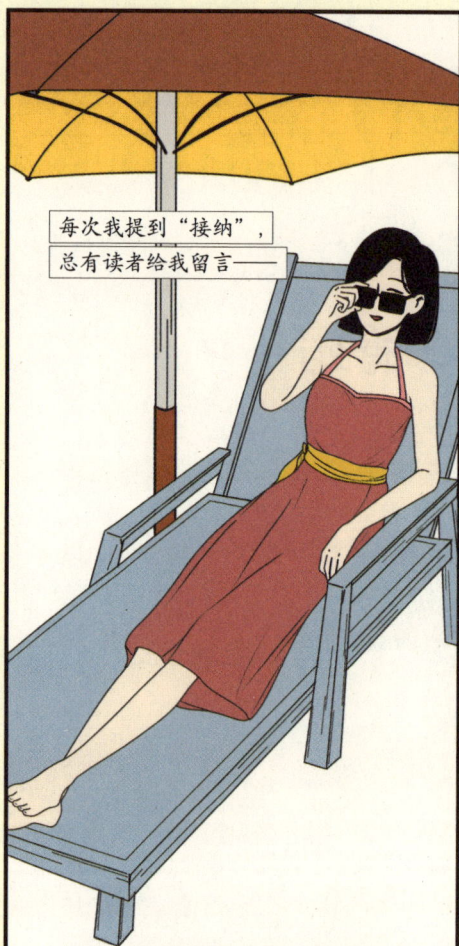

每次我提到"接纳"，
总有读者给我留言——

慢慢老师，我如果接纳自己
的贪吃，只会越来越胖吧？

孩子做作业拖拉，我接纳他，
那他学习不就废了？

接纳是好，但不能过度。过
度接纳就是纵容！

我们总是下意识相信：
批评使人进步，接纳使人懈怠，
即使接纳了，也不能过度。

真的是这样吗？
我想先讲一个来访者的故事。

我认识她的时候，
她正遭受着人生重创。

我从来没有想过，
这样的事会发生在
我身上……

002

4个月前，她刚生完二胎，还没出月子，就发现老公出轨了，还是孕期出轨。

事情败露后，老公不仅没有悔过，反而把错推到她的身上。

我也不想出轨啊，可你把全部心思都放在琐事和孩子身上，根本不关心我。

在一起这8年，你变太多了，我喜欢的是以前那个有品位、懂浪漫的你。

在我事业困难的时候，是她一直在帮我，而你又不懂。

后来他干脆玩失踪，不管两个孩子，还卷走了几百万家产。

那段时间，她要忙着找证据打官司，根本没法陪伴两个孩子，急了还会发脾气。

每次看到孩子失望又害怕的眼神，她都特别自责。

孩子失去了父爱，我还凶他们，我真是个坏妈妈。

那个女人没我年轻没我漂亮，却还是把他勾走了，我真差劲。

我以前多优秀啊，现在怎么变成这样了？可悲！

在外被生活暴击N次，回家还要把自己痛骂一顿。

在这样的"里外夹攻"下，她患上了抑郁症。

她这样苛责、亏待自己，朋友们实在看不下去，一有空就来陪她，一起痛骂渣男；

带她去逛街、旅游，去吃喝玩乐，享受久违的"单身生活"。

先接纳自己的情绪，你现在需要休息。

是啊是啊，休息好了才有精力想工作和孩子的事呀！

一开始，她觉得终于可以透透气了。可放松几次之后，她又陷入了焦虑。

于是她来向我求助了。

慢慢老师，我都休息大半个月了，怎么还没好？

怎么回事呢？

他们都让我对自己好点，接纳自己的情绪，我都照做了呀！

我至少能振作一点吧？

可是一走进家里和公司，我还是提不起劲啊……

不要急哦，慢慢来。

怎么不急，到底得放松多久才够呢？我总不能天天不上班不带孩子啊……

她反复跟我强调，她现在的人生一塌糊涂，根本没有那么多时间可以休息。

不逼自己快点去收拾残局，只会让局面更糟糕。

工作　　　　　　带娃

接纳自己的这个度，要怎么把握呢？

接纳其实没有"程度"一说。

那怎么行？一直接纳，就会一直懈怠下去了啊……

接纳自己，一定会懈怠吗？

会吧。

那你逼自己的时候，会感觉好一点吗？

好像也没有……

005

积极心理学家乔纳森·海特曾经提出一个有趣的概念，叫"情绪大象"。

他说：人的情感就像一头大象，而理智就像一个骑象人。

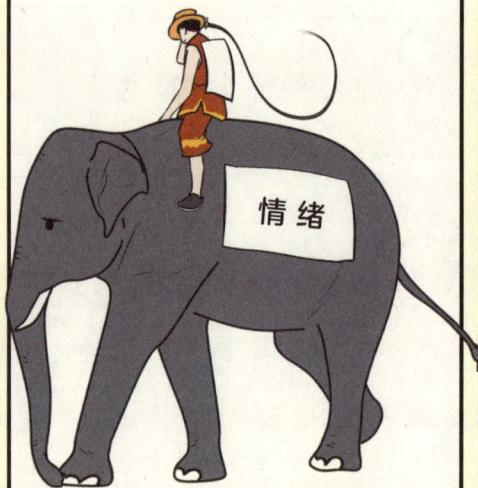

我们常常误以为，骑象人可以指挥大象，其实不然，大象的力量，比骑象人的大得多了。

比如这个来访者。

她的"情绪大象"正背负着被背叛的愤怒、被抛弃的恐惧和离婚的挫败，需要时间休息和疗伤。

"骑象人"却不管这些。

一心想着我要赶紧工作赚钱，我要弥补孩子，急着扬起鞭子，驱赶大象负重前行。

这种冲突的结果只会是"人仰象翻"。

"情绪大象"只能被爱触动。
只有好好接纳大象的情绪,安抚它,倾听它,它才有动力迈开步伐。

至于她问我的自我接纳的"度"在哪里,只要提到"度",就不是真正的接纳。

她一边做着各种"接纳自己"的事:
给自己放假,让自己休息;

一边给自己设限,要求自己在规定时间内好起来。

这就像对"情绪大象"说:
你一次不走,两次不走,我忍你,可第三次你还不走,我就扬鞭抽你了。

可是"情绪大象"听不懂威胁,它只会更烦躁,更不愿意前行。

你看,自我接纳,不是具体做什么事情,而是一种允许的心态:

我愿意去承认自己的局限性,也愿意给自己足够的空间和时间。

这个来访者，后来回老家休息了一段时间。

她的爸妈从小就很宠爱她。
这次重回爸妈的怀抱，被爸妈好好照顾，她终于卸下一身重担。

累了就回家，待多久都行。

无论她想哭，想闹，想偷懒，想逃避，爸妈都会跟她说："你可以。"

他们无条件地接纳她这个30多岁的大孩子，她也开始理解自己，放过自己。

"情绪大象"得到充分的安抚之后，她终于找到了重新开始的动力。

这一次，无论是陪伴孩子，还是工作赚钱，她都不再想急于摆脱现在糟糕的自己。

短信
1067XXXXXXX
您好魏女士，恭喜您成功被我司录用…

也不是为了证明给别人看，自己并不差劲。

而是她开始相信：
自己值得拥有更好的生活，也有能力创造它。

故事讲到这里，我想起有一次讲完
"不要改造别人／自己"的故事，
也有很多读者问我：

"不改造怎么行？一味包容只会让
人不思进取、一丧到底。"

我想说，真正的接纳，是不会
宠坏人的。

相反，当一个人不被逼迫、不被设限，
而是被无条件地接纳时，他／她自然
能感知到接纳背后的爱和期待。

有了爱和期待，
剩下的就安心交给时间吧。

无论如何，我都会在这里陪你们一起，
慢慢向上。

每次我提到"自我接纳"，总有人问我："慢慢老师，自我接纳会不会导致自我放弃？"

大家之所以会有这种担心，是因为我们总是被教育"批评使人进步"，每次出状况，我们总是本能地采取自我攻击的方式，骂自己一顿。

这样真的管用吗？

很多心理研究早就告诉我们：没用。

一方面，我们有意识地压抑消极情绪、自我批判，只会让情绪更加强化。只有无条件的自我关怀，才能缩短消极情绪的持续时间，让我们获得足够的力量"重启"。

另一方面，自我批判的人其实更容易认输放弃。每次他们犯错或失败，都会严厉地攻击和批评自己。久而久之，为了避免受到这种攻击，他们一遇到挑战，更容易举手投降。

相反，能自我接纳、能充分理解自己局限性的人，即使跌倒了，也对自己重新站起来怀有足够的信心，愿意多次尝试，多次挑战。

但如果，**你现在还习惯用"批评自己"的方式去取得进步，我也希望，你愿意接纳这个"不接纳"的自己。**

你的一举一动，背后都有一些情绪需求，等着你去发现。

最近，我一直在学习李松蔚老师"未来世界生存法则"的课程。看到一个很有意思的案例：

去看医生，医生也没检查出她身体有什么问题，只能给她开一些安眠药。

> 你身体没什么问题，不用太焦虑。

有一个学员，这段时间总是失眠。为了让自己睡着，她想了各种办法。

睡是睡着了，可是第二天她完全提不起劲儿，很影响工作。

戒茶戒咖啡、运动泡脚、听白噪音轻音乐，都没什么效果。

她很苦恼，跑去请教李松蔚老师。李老师告诉她三个字：别睡了。

既然睡不着，那就不如起来读书、工作、煲剧，就当多了一段自由支配的时间。

学员听完，觉得不可思议：

怎么能行？我想快点睡着，您却让我别睡了，这根本没解决问题呀！

这完全是反着的！

反着就对了。正因为你一直想睡着，人很紧张，反而更容易失眠。

确实，一般来说几天不睡觉，身体都会熬不住。如果一直失眠，可能是我们自己在"作怪"。

万事万物都在变，问题也一样。正如李老师说的：

如果有一个问题一成不变，或许是你做了什么，才维持着这个问题的存在。

在我们家，也有一个存在了二十多年的问题：
我弟弟从小不讲话，特别内向。

他很少跟我们玩闹，从不分享学校里的趣事和糗事。

即使家里来了客人，他也一声不吭，不叫人，不接话。

家里的长辈为此很是苦恼。

这孩子会不会大舌头啊？

还是性格有问题？

是跟家里人不亲吗？

还是胆子太小，得多鼓励他开口？

大家想了各种法子。

送他去上演讲课，练口语，练胆量。

带他去医院检查，排除心理和性格的问题。

带他出去玩，逗他开心，想跟他亲近一些。

还经常在各种家庭聚会上让他讲话，表演节目。

所有办法都试了，弟弟不仅没有变得话多一些，反而越来越内向，越来越安静。

我爸被惹怒了，冲他发了脾气。

你成天死气沉沉给谁看啊？屁都不放一个，你是哑巴吗？

被骂了几次后，弟弟一回家就把自己锁在房间里，别说听他讲话了，面儿都见不着。

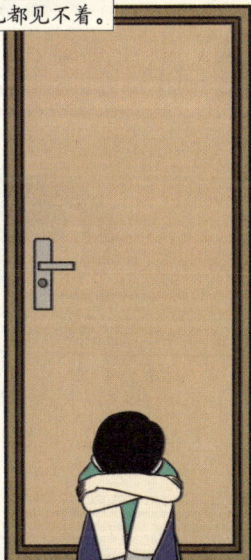

我也一直以为，可能弟弟就是天生话少内向的人吧。

直到他上了大学，有一次我跟他的同学聊天，才发现——

姐，你知道小南有女朋友吗？跟我们同班的哦。

真的吗？他话这么少，怎么讨女孩子欢心呀？

话少？不是吧，他超级开朗的啊！还很会撩女孩子呢，哈哈哈。

我又问了几个同学，才真的相信，

原来弟弟不在家里时很外向，很能聊，很开朗，完全不是我认识的样子。

我想，对他来说，这20多年里，在家忍住不讲话并不是一件容易事吧？

正是家里长辈为了解决"他不说话"这个问题所做的一切，压迫得他更不愿意开口。

这种对抗心理，是维持问题存在最大的驱动力，让这个"问题"维持了整整20多年。

说不说话是我的自由啊!

我为什么要为了满足你们而说话呢?

你们逼我说,我偏不说!

"为什么越想改变,这种对抗就越明显?"

其实,这种对抗无处不在。仔细想想,我们也常常是对着干的那一个。

很多时候,当我们把问题当成固定不变的,总想着"我必须做点什么,这个问题才能解决",这反而维持了这个问题,让它得以一直存在。

不少读者和来访者经常有这样的困惑:

孩子做作业好拖拉,不论我怎么催、怎么盯都没用。

我好胖啊,一直想减肥,可总是管不住嘴,饿几天又大吃大喝。

老公不爱做家务,我说他他还不乐意,直接当撒手掌柜。

本来准备去看书,老师一念叨"还不快去看书",瞬间就没了动力。

快去看书!

不,我不看!

本来没想赖床,父母一骂我们懒、催我们起床,立刻想多睡一会儿。

快起床!

不,我不起!

本来不舍得买新口红,老公一说"别老乱花钱",马上下单。

别乱花钱!

不,我就花!

这就有点像拔河，
当我们越用力，想把对方拉过
来，对方下意识地也会更加使
劲儿，把绳子拉回去。

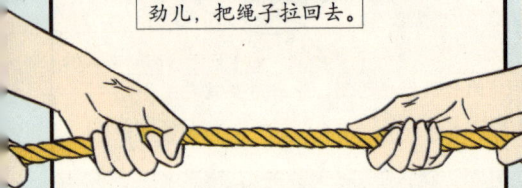

在这种拉扯中，
我们永远处在两个对立的阵营，
无法达成共识，问题也就一直存在。

我猜，可能有人会问：
那我什么都不做，问题就能解决了吗？

我的回答是：
不是不做，而是换个方向做。

与其把精力消耗在关系里的
对抗上，

不如把绳子丢掉，走向对方，
和对方站在一起，用合作的心
态，一起去面对问题。

有一位读者，每次辅导作业，
她的孩子总会做错很多题。

她被气到高血压，孩子也一晚上
哭哭啼啼。作业几乎成了家里的
"定时炸弹"。

后来，她心平气和地找孩子聊了聊，
才知道，原来孩子讨厌被人盯着写作业。

越盯越紧张，越紧张越会出错，一出
错妈妈就担心，就盯得越紧，简直就
是一个恶性循环啊。

为了摆脱"作业恐惧"，
她决定和孩子合作。

妈妈以后不盯着你写作业，
那你也要答应妈妈，在学
校认真听讲，可以吗？

好。

开始几次，没有了妈妈的辅导，孩子
做错的题确实更多了。但妈妈履行了
"合作约定"，一直忍住没说她。

慢慢地，她发现孩子做作业越来越自
觉，虽然偶尔还是会被老师说，但相
比从前，她真的让人放心了不少。

95
有进步！

你看，放弃对抗，不是放任自流，而是就"做不到"背后的原因达成共情。理解了这些情绪，再去解决问题就会顺畅很多。

就像开头讲到的那个失眠女学员，听了李老师的建议，她不再强迫自己一定要睡着。

既然没睡意，那就起床工作，把第二天的任务完成了大半。

第二天上班还可以摸摸鱼，偷偷懒。这让她体会到一种奇妙的成就感。

所以，那天晚上她还想熬夜，提前把工作做完，却发现"身不由己"，早早就困了，只能去睡觉。

放弃和"睡不着的自己"对抗后，失眠这个问题，似乎就慢慢地消失了。

你看，有时候真的是"关心则乱"。

其实，在不被干扰、不被攻击的情况下，我相信，每个人都有积极向上的主动性。

包括他们，也包括你自己。

在咨询的过程中，我经常会遇到这种情况：来访者越想改变，越想解决问题，这个问题就越顽固。

孩子不爱学习，伴侣不做家务，自己不求上进……当我们把这些当成"固定不变"的问题，非得去做点什么，去推动它被解决时，常常会感受到一股莫名强大的阻力。

为什么会有这种阻力呢？

心理学家保罗·瓦茨拉维克有一个观点：改变分第一序列和第二序列。问题，是第一序列；而应对问题的方式，是第二序列。

很多时候，我们的改变只停留在第一序列，只盯着"问题"去解决，就忽略了我们解决问题的方式，反而让问题一直存在着。比如，孩子不爱学习、伴侣不做家务，我们用催促的方式去解决这个问题；但正因为我们的"催促"破坏了对方的主动性，才让问题一直存在。

下次遇到问题，可以不用急着去解决它，而是问问自己：比起跟问题硬碰硬，还有什么更柔软、更易于被接纳的应对方式呢？

有人说逃避很可耻，但要我说，有时，逃避反而更好。

今天想和你分享一个关于"逃避"的故事。

我的表姐，慧慧，2017 年的时候离婚了。

离婚原因，是她发现丈夫出轨了，对象是丈夫公司的助理。

两年时间里，他不动声色地给小三买包送车，还给她供了套小公寓。

比这更让慧慧难受的是，

8 岁的女儿小毓早就发现爸爸出轨，却没跟她说。

原来，前夫常和助理一起接孩子放学，

一开始还遮遮掩掩，借口说是搭便车，
后来在她面前表现得越来越亲昵。

甚至有一次，孩子提前放学，
看到了他俩在车上搂搂抱抱。

这些事，小毓全看在眼里，
却不敢告诉她。
直到后来，小毓才偷偷跟外婆讲。

孩子的知情不报，让她觉得被"背叛"，
觉得自己简直是世上最糟糕的母亲。

每天吃饭、睡觉都是我陪着，对她的照顾，已经可以说是无微不至了……

她居然还这样对我。

两年多了，一直被他们父女俩蒙在鼓里，感觉自己跟个笑话一样……

小毓的抚养权最后判给了她，
但一开始，她俩相处时总会很尴尬。

其实她也清楚，真正该恨的是前夫，所以她也努力和孩子亲近，但……

每次惊醒后，她的枕头都被泪水打湿，她的后背全是冷汗。

每次一靠近女儿，我就想起她的"背叛"，想起他们仨在车上欢声笑语的样子，我就觉得难受、想吐。

那段时间，仿佛是她人生的至暗时刻。医生诊断她是轻度抑郁症，给她开了一些药物。

她甚至还连续做同样一个噩梦。梦里一家三口，其乐融融，但女主人却不是她。

有能力的话可以出去走走，散散心吧。

走出诊室门口时，"逃"的念头在她心里产生。

她跟我说："我不能再这样下去了。"

"我必须离开这个家，
暂时和女儿保持距离。"

于是她辞掉了工作，
把孩子交给她父母带。
拿出了积蓄，打点好了一切事情。

辞呈

离婚后第 37 天，
她买了去往埃塞俄比亚的单程机票。

在东非，
她从埃塞俄比亚一路向南，
游遍了 7 个国家。

她记录了肯尼亚的日出日落、厄立
特里亚草原上的狮子追逐、卢旺达
国家公园薄雾笼罩的山谷。

她在坦桑尼亚帮难民接
生，也在索马里见到了
传说中的海盗船。

去坎帕拉的时候，她还成了当地
中学的老师，用不太熟练的英语
教了孩子们一个多月数学课。

她还结交了一个同为支教老师的朋友——米娅。
米娅也是个单亲妈妈，她跟慧慧说：

After my divorce, I feel like my life is just beginning.（离婚后，感觉我的人生才刚刚开始。）

You will be, too.
（你也会是这样的。）

东非之旅第 103 天，站在内罗毕的民宿阳台上看星空时，她在朋友圈里写道：

慧慧
很奇怪，出发前那些愤怒、悲伤、怨恨、自责的情绪，现在都像被稀释了一样。

半年后，她回了国。

搬家、找工作，做好了一切准备，终于把孩子接了回来。

这场"逃亡"，在新生活拉开帷幕后，画下了句点。

刚开始，慧慧还是不太想跟女儿说话，她说自己总是会想到过去那些事。

直到有天吃完晚饭……

妈妈，对不起

那晚过后，她意识到——

大人有大人的局限性，孩子有孩子的局限性。

遇到这种事，她一个七八岁的孩子又能怎样呢？

她跟我说："孩子承受的未必比大人少。大人还可以逃，孩子又该如何排解呢？"

她逐渐地放下了恨意，两人关系也有所缓和。就在上周五，表姐发了一条朋友圈。

慧慧

内容是她在小毓学校的亲子活动上，两人一起开心地唱唱跳跳的视频。

我想到她刚从非洲回来时和我说的话：

我在东非，把负面情绪彻底释放后，心里才腾出很多空间装其他的情绪。

比如快乐、信心、宽恕……

而那些困扰我很久的问题，我好像也看到了解决方法。

我想，关于这道母女关系的难题，她已经慢慢地找到了一个最优解。

故事到这里就结束了。

回到最开始那个话题，其实我不是在说逃避有多好，也不是鼓励大家遇到问题就绕路走。

而是建议大家，当你被情绪淹没时，可以先处理好情绪，再去解决问题。

我们总是习惯先去解决事情，觉得问题处理好了，心情也就恢复了。

但其实，在汹涌的情绪面前，我们的判断和决策难免会被干扰。我们可能会看不到问题的本质，也会因为和情绪对抗产生内耗，导致问题越来越严重。

就像慧慧后来跟我说的，当时她也想过先去解决问题。

比如一起床就给自己加油打气，告诉自己要重新开始生活。

比如硬着头皮陪孩子去游乐园，想要和她变回以前一样亲密。但是不行就是不行。

我越是逼自己面对生活，生活越是一团糟。

越是逼自己原谅孩子，我就越恨她。

如果我那时没有逃，情况一定会更糟。我可能更抑郁，也可能一辈子都没法真正接受孩子。

所以你看，带着情绪去解决问题时，
我们往往很难得到一个好的结果。

只有情绪被妥善安放好了，
我们才能更从容地去面对那些不容易。

表姐还跟我分享了一个经验，
当情绪波动时，可以先找到一个"情绪
角落"，好好安抚自己。

我现在很烦心的时
候，会先去浴缸里坐
一坐，泡个热水澡。

说起来，我也有我的专属角落，
就是窝在沙发上，
用一个下午的时间放空自己。

我的爱人老赵的"角落"就比较直男了。
他一般会叫上几个朋友去篮球场
出一出汗。

而我的小助理，
则是请假在家睡大觉。

我们可以逃到这样的角落里，
好好休息，
看见和照顾自己的情绪。

在那之后，
再去从容地面对每个问题。

我们每个人都可能经历特别难熬的时光，有时是生活上的重创，有时则是关系里突发的问题。

你会发现，难熬的日子里，最困扰自己的，往往是因为问题而产生的各种各样的情绪。所以比起直接解决问题，我更建议你，先妥善地安放自己的情绪。就像《与真实的自己和解》里提到的，学会用"同情"的心态对待自己：

"不去判断自己的好坏，不去分析自己是否和他人一样。

"而是用一种怜悯的心态，理解和照顾情绪。

"这种宽慰的方式，不会使我们自暴自弃；相反，当我们接纳并允许自己的一切感受顺其自然存在着时，我们更有力量对过往的伤痛进行疗愈。"

所以你看，逃避有时并不可耻，它是一种灵活的方式，更是一种对自己的关怀。

"这么不容易，你是怎么扛过来的？"

每个人都是解决自己问题的专家

闺蜜菜菜曾经跟我分享过一个感悟。

*注：本文仅提供一个积极视角，需要危机干预的情况不在讨论范围内。

她的大学同学阿玲，有段时间过得很煎熬。

远嫁，孩子还很小，每天有做不完的家务，婆婆还总是数落她。

更糟糕的是，她发现老公精神出轨了。

菜菜知道后，怕阿玲性格太软弱会受欺负，也担心她想不开，所以急得团团转，给她提了很多建议。

直接离婚吧。

或者你先搬回娘家住。

但阿玲还是无动于衷。

后来又一次谈心, 菜菜实在想不出
好法子了, 就问阿玲:

听起来你好辛苦啊, 能
跟我说说你是怎么扛过
来的吗?

这句话像是有神奇的作用,
以往无论菜菜怎么劝, 阿玲都默不作声,
但这次她却聊了很多东西——

刚知道老公在微信上聊骚时,
她很长一段时间没搭理他,
希望他意识到错误。

每次婆婆故意找碴, 她都会去豆瓣小组里
发帖, 偶尔会有一两个网友安慰她。

和婆婆大吵一架后,
现在还很生气……

特别不开心的时候,
她就把衣柜里的衣服拿出来重新叠,
享受整理和收纳带来的片刻平静。

那天她们聊了两个多小时。
阿玲说自己讲完后, 心里舒坦了很多。

菜菜也很感慨,
原来那句简单的"怎么扛过来的"
比她给的任何建议都有效。

听完她的感慨,我发现,
这是一个很好的启示。

安慰别人的时候,比起跟他说"要去做什么",
不如问问他"已经做了什么"。

就像李松蔚老师说的,当我们自己面对困难,
感到一筹莫展时,

比起焦虑"要做什么",
不如问问自己"我是怎么扛过来的"。

我来给大家捋一下,
它如何在两个方面帮到我们。

第一,减少自我攻击,增加自我关怀。

遇到棘手的问题时,
我们常常会着急地想:

> 接下来我该
> 怎么办?

这个时候,我们会下意识地否定过去所付
出的努力,甚至会攻击自己,觉得是自己的
无能导致了如今的局面。

我以前也是这样,刚毕业那段时间,找
工作时碰了很多次壁,就一直处于抑郁
情绪里。

我很想摆脱这种"病恹恹"的状态，
但越是催促自己变好，去跑步运动，
就越是提不起力气。

每到夜里睡不着，
还会一遍遍地责怪自己。

懦弱。

一无是处。

这点事儿都
做不好。

直到咨询师问我：

来咨询室之前，你是
怎么应对的呢？

我很纳闷，说自己什么都做不了。

嗯，那在家的这段时间，
你具体都做了什么呢？可
以跟我说说吗？

睡不着时会看猫咪的纪录片，
一看就是几个小时。

我上周五晚上，还找了一个朋友聊天。

嗯嗯，倾诉也很好。

最后她告诉我：

你看，你已经在用自己能想到的方式，悄悄地渡过难关。

她的话让我鼻子发酸，也让我意识到自己并非真的一无是处。

后来，在面对人生每道困难的关卡时，我都会想起这句："你是怎么应对的？"

然后告诉自己："我应该更温柔地对待这个已经尽力了的自己。"

所以你看，当我们能看见自己的努力，自然也就能更体谅、关怀自己。

我要说的第二个好处，是当我们有了自我关怀的力量，在平和的心态下，就可以更清晰地看到手头上的"资源"。

说回前面的阿玲，那天和菜菜聊完后，她思考了很久。

以前的她，认定自己孤立无援，

这次沉下心来梳理后，她发现自己并非一无所有。

她有像菜菜这样听她倾诉、帮忙出谋划策的朋友，

也积累了很多和婆婆沟通的经验。

家里的收入都存在她卡上，她有家里的经济掌控权。

想明白了这些事后，她的心情轻松了一点，也有了解决问题的头绪。

她会继续在菜菜的帮助下，和婆婆、老公商量好家务分配的事。

家务分配表

也会搜集老公精神出轨的证据，
准备找个时间，坐下来和他聊聊。

面对这一团生活的乱麻，
她越来越有信心去面对。

其实我们每个人都一样，
有时难免会陷进棘手的问题里。

这时，不光要向前看，更要静下心来，
回头看看自己拥有的资源和取得的
小进步。

去抓住那些微光，哪怕只是一点点，
也能让我们慢慢地积攒力量和信念，
然后摸索出问题的答案。

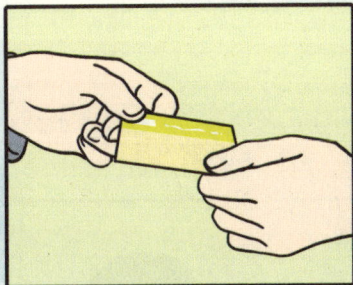

说到这里，
我想起李松蔚老师
曾经在文章里说的：

"比一切帮助更为基本的帮助，
是让人们意识到，
他们总是比自己以为的更有办法。"

我想，这对我们自己同样适用。

如果此刻的你，也正在某条漆黑的
路上逡巡，找不到方向，

我想请你跟我一起，
练习一个动作。

伸出你的手，

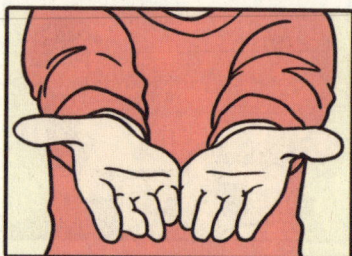

轻轻地拍自己的头，

然后再问问自己：

"这么不容易，你是怎么扛过来的？"

在叙事疗法里，有一个很核心的观点："每个人都是解决自己问题的专家。"

临床心理学家麦克·怀特和大卫·艾普斯顿认为："人的成长不是一件容易的事。要面对那么多的问题，我们仍然能够走到今天，这表明一定有一些资源在支撑我们。这些资源本来就蕴藏在我们自己的生活之中，将这些积极资源调动起来，问题也就有了解决的可能。"

我也想鼓励大家，在遇到令你一筹莫展的难题时，回过头看看，自己已经做了什么。

这个小小的动作，会让我们看到过去的努力，不再自我攻击；也让我们在平和的心态下，更清晰地看到手头上可用的解决问题的"资源"，做出新的应对。

愿我们都能一点点地找回自己的力量，成为解决自己问题的专家。

最近我发现，要做好一件事，你得带点儿"恋爱感"。

这个发现，来自我朋友的启发。

小方年初生完孩子后，被确诊轻度躁郁症。

看她每天闷闷不乐，连走路也会出神发呆，她老公就提议说——

要不你找点别的事做吧，报个瑜伽班、舞蹈班什么的，散散心也好，孩子就让我和我妈来照顾。

算了吧，我就是三分钟热度，还是别浪费钱了。

几天后，老公做家务时，看到衣柜里放了很久的泳装……

不如我们去学游泳吧。

她想了一会儿，答应了。

一个星期、半个月、三个月……

她就这样在游泳培训班里坚持了下来，加上她有点底子，所以学得还挺好。

她整个人的状态，也从产后的郁郁寡欢，变得越来越开心。

有次陪她去练习，我好奇地问：

你是怎么坚持下来的？

不知道为啥，游泳的时候，我总有种重温恋爱的感觉。

嗯？

我是说这种全情投入，很忘我的感觉，就像恋爱一样。

这样子啊，比如说呢？

比如我有时会游到忘记时间，就像我和老公处对象的时候一样，总感觉时间过得飞快。

又比如学会蛙泳后，其他学员都说我姿势标准，要向我学习。

这就像在感情里，我的"投入"被对方看见和回应了，我受到了鼓励，也想做得更好。

当然也有累的时候，有时脚会抽筋，有时一个简单的动作要练习很多次……但那种幸福感，让我觉得辛苦也没什么。

后来，她还把这种"恋爱感"迁移到其他事情里，

比如做饭、

养花、

学吉他。

她发现，只要保持这种"劲儿"去做事，事情都没自己想的那么难。

说起来，有一个心理学名词可以解释这个现象，那就是"心流"。

心 流

指的就是我们做某些事情时，全神贯注、投入忘我的状态，像流动的水一样自然而然。

这种"心流"状态，是很容易带来幸福感的。如果把心流当成一条分界线，那么——

非心流区	心流区
被迫干活 容易心累	有动力 感觉很爽

既然这么好，我们该怎么进入心流区呢？
我继续用"恋爱感"来比拟，分享一些方法。

首先，我们要做喜欢的事。
拥有"心流"的一个关键条件，
就是做事的动机，要跟我们的本心一致。

回味一下，当你和真正喜欢的人在一起
时，有没有某些瞬间，觉得彼此之间像
是有"电流"感应一样？

这个说法有点抽象浪漫哈，

说具体点，就是相看两不厌，在一起
做什么都觉得有意思，还会经常忘记
时间。

这么快就9
点多了。

但和不喜欢的人在一起，
往往会坐立难安，想尽快走掉。

同一个道理，做喜欢的事时，
你没有怨气，也更容易进入"心流"。

但如果是不喜欢的，我们不仅要压抑
厌倦情绪，还要不停地督促自己：
这件事很重要！我必须要做！

别干了，这活
太烦人了。

你一定要
做完！

所以啊，在面对不喜欢的事情时，
我们可以有两个选择，

要么试图去找到这件事里喜欢的部分，
然后强化它，

就像我一开始也不喜欢写文章，
但一想到这是我跟大家互动的方式，
而且也收到了很多回应，心里就觉得
暖暖的，越写越有感觉；

要么如果实在找不到喜欢的点，
也可以用生活中的其他小事，
攒一攒"心流"的体验，来滋养自己，
让自己的整个生活状态先好起来，
再更好地面对其他各种事情。

而要进入心流区，除了要"喜欢"之外，
还有另一个关键点，那就是你做的事
要有点"难度"。

这就好比恋爱时，对方越难追，
我们就觉得他越有吸引力，

而当对方被自己打动时，
那种成就感、满足感，
也会转化成对自己的肯定。

这种恋爱里的"奖赏"，
来自我们脑内的多巴胺。

同样，当我们做出的挑战取得进展时，
这些正向反馈，也会刺激多巴胺的分泌，
给我们带来快乐。

还是朋友的例子。后来她养白玉兰花也费了不少精力，她把握不好光照的强度，也总因为浇水过度导致烂根。

一次次尝试后，她才琢磨透。

连她老公都说她"最近茶不思饭不想，光研究养花了"，但她却说：

玉兰花开的时候，闻到那阵飘来的清香，我觉得一切都值了。

当然，这里要提醒一下，

我说的"难度"，并不是说一定要很难很难的，不用你日进斗金，也不需要上刀山下火海。

而是说，如果事情过于简单、机械，我们就只是在"完成"，没办法享受通关带来的酣畅淋漓感，和一次次信心的累积。

讲到这里，也想给大家分享我最近的一次"心流"体验。前几天，我看了一本阿加莎的悬疑小说。

花了三个多小时看完，但却感觉只过去了十几分钟。

看书的时候，弗洛伊德一直追着毛线球满屋跑，我都没有察觉。

直到合上书，我才注意到乱糟糟的地板，和它装无辜的眼神。

这种美妙的感觉，
不一定要靠做什么大事才能获得，

比如我的儿子小航会花一晚上的时间，
组装汽车模型；

老赵会约朋友周末去钓鱼，一坐就是
一个下午，就算最后钓了个寂寞，也
会唱着小曲回家。

小助理就更简单了，她常常会把手机关机，
然后专心做料理。

看着锅里的汤嘟噜嘟噜冒着气，
她说那一刻，她很安心。

我们总能找到很多这样的小事，
并在这些小事上得到反馈，获得快乐。

这些快乐值得回味，
也足以填满乏味劳累生活的缝隙，
让我们变得越来越充盈。

心理学家米哈里·契克森米哈赖，在《发现心流》中写道："唯有心流带来的快乐，是自己塑造所得，对个人意识的拓展与成长才有助益。"

相信大家在日常生活里，或多或少都有过"心流"的体验。比如一气呵成写完一篇文章，比如和孩子心无旁骛地钻研了半天拼图，又或是投入到两个多小时的电影里。

当沉浸到某个事物里面时，我们不仅能感受到愉悦、成就感，还能和自己好好相处，对内在的感受也会有更深刻的认识。

"心流"带来的滋养，终将被积攒下来，推动着我们更好地成长。

"我正在慢慢慢慢慢慢地好起来"
来自抑郁症患者的自愈指南

有一段时间,我公众号后台留言里的焦虑气息很浓烈。

感觉这一年什么事都没做就过完了!

年初还说要减肥,结果一斤没瘦,还胖了,咋办?

我很想戒酒,但每次都半途而废,改变真的好难……

我还看到一个读者留言:

老师,你说的这些都很好,但如果我真的要改变,我要怎么找到动力呢?毕竟有些问题确实迫在眉睫呀,望回复。

2020/11/6 10:57　置顶

如果你也和她一样,正在尝试改变,却总是原地打转,想找到一股很强的动力,那么这篇漫画也许对你很有用。

我想分享的方法,很朴素但也很好用——

找到小改变,并记录下来。

而这个方法，是受到我一个朋友的启发。

2018 年秋天，刚过 30 岁生日的 L，确诊了中度抑郁症。

辞职后，她搬回了乡下一个人住。

除了定期去医院复检，那段时间她几乎不出门，每天都在床上躺着。

就这样躺了一个半月后，某天夜里，她的心里冒出了一个巨大的声音。

不能再这样下去了，我得起来动一动。

于是她计划每天跑步五公里，呼吸新鲜空气。

可是当她穿上运动鞋，推开房门，不到三秒，她又往回退了几步。

这个目标，对此刻的她来说太大了，已经超出了她的能力范围。

她想了很久，决定不为难自己。

还是顺其自然吧，先从小一点的事开始，只要离开床，让自己有些活动就可以了。

第二天，她起床整理了书架，洗了衣服，还给一个朋友发了微信。

当晚，她打开手机备忘录，记下了这些微小的改变。

备忘录 ··· 完成

–2018/10/23

– 归置了书架上的书，发现了有意思的读书笔记

– 终于把摞在椅子上的衣物放到洗衣机里清洗，烘干后香香的

– 联络了一个老朋友，她给我说了很多贴心的话

她发现，虽然这些都是不起眼的小事，但是做完后却很开心，写下来的时候也很有成就感。

之后的每一天，L都保持着这个习惯。

备忘录 ··· 完成

–2018/10/24

– 换了新的床单

– 打电话让维修工上门修排水管，大叔很友好，顺手帮我修了浴室的窗

– 扫院子里的落叶时，我把叶子编成了蝴蝶的形状，这让我回想起很多童年的趣事

– 等到我反应过来，才发现暮色降临，院子也扫得干干净净了

备忘录 完成

-2018/11/23

- 动手换掉了漏水的花洒，我也太厉害了吧

- 给笔友写了一封信，和她分享了最近内心的一些想法，写完后舒坦了很多

- 久违地到院子里晒了太阳，暖烘烘的，差点睡着了 ^_^

这些小事积攒下来的成就感，给了她希望和力量，让她逐渐去尝试一些更难的事。

到了第150天的时候，她的身体和心情好了很多，能够做出的改变一点点变多了，迈开的步伐也变大了。

备忘录 完成

-2018/12/16

- 给家里来了次大扫除，有种焕然一新的感觉，风吹进来的时候很舒服

- 读了《伯恩斯新情绪疗法》第2册，看完后觉得自己又多了一些耐心

- 用手机记录了今天的日落，冬天的晚霞很美

备忘录 完成

-2019/03/23

- 报了镇上的游泳班，游了30分钟，有种时间过得很快的感觉

- 给院子里的花圃松了松土，播下了种子，很期待花开

- 邀请了四位朋友来家里打火锅，大家谈天说地，像回到了大学时期

049

L 就这样，一边捕捉着小改变，
一边自我疗愈。

5 月份复检时，医生告诉她——

> 根据你目前的状态，可以减少药物的剂量了。

那天回到家，她看到院子里种的蝴蝶兰
开出了好几朵花。

闻着淡淡的花香，
她在备忘录里写下:

〈 备忘录	⋯ 完成

我正在慢慢慢慢慢慢地好起来。

前阵子，
L 在咖啡店和我聊起这段经历时，
给我看了手机上的备忘录——

> 以后无论换多少次手机我
> 都不会删掉的，我想把这个
> 习惯保持下去。

也和我分享了自己的经验。

我最大的感触是，想改变的时候可以不用定太大的目标。

目标太大，超出能力范围，不仅不能及时给到正向反馈，还会让人受挫。

我们可以去捕捉那些细微的改变，然后记录下来。

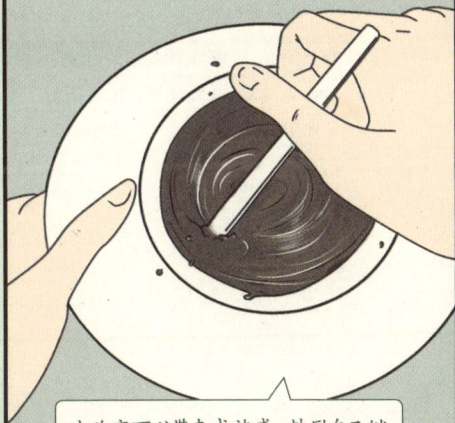

小改变可以带来成就感，鼓励自己继续向前，而记录，可以帮我记住那种感觉。

听她说完这些，我也有了很大的触动。回到开头的话题，其实我很理解大家急着变好的心情。

但正如 L 所说，有时想迈开大步，反而会让自己原地打转，我们能做的，就是——

改变自己当下能改变的，接纳那些暂时无法改变的。

而这并非消极对待，相反，我们只有攒够小改变带来的成就感，

才会有力气去尝试困难的部分。

我的闺蜜阿琳在和宝宝相处时，常常会因为他的号哭而心焦，脾气也变得很暴躁。

就像陈海贤老师说的：

改变就好像多米诺骨牌，最重要的是找到第一个小小的改变，再一个接一个地推动。

她也想和别人一样，做一个温柔的好妈妈，但却总是做不到。

直到上周日，她在客厅看书的时候，孩子在她身边爬来爬去，她时不时轻轻地顺他的背。

而在我把 L 的经验分享给身边的人后，他们也捕捉到了自己的第一个小改变。

她看完书才发现，
两人度过了一整个下午的安静时光，
她的内心也变得很平静。

后来，她在微博上记录了
这个温馨的片段。

取消　　　**发微博**　　　（发送）

今天和宝宝和平共处了一个下午，虽然
没办法一下子变成好妈妈，但我还是可
以一点点学会和孩子相处的～

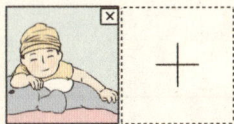

我工作室的小佳，最近陷入了创作枯竭期，
昨晚，她坐在电脑前看着空白的文档挠头时，
猫咪从键盘上经过。

我给你洗个澡
怎么样？

尽管猫咪很抗拒，但比
起写稿，给它洗澡还是
比较容易做到的，而且
洗完烘干后，整个猫变
得香香软软的。

摸着它蓬松的毛，小佳感到一阵惬意，
沉静下来后，也有了写作的灵感。
她忍不住发了朋友圈，分享这个经验。

决定以后每次写东西前，都做一件
无关的却又能带来成就感的小事，
比如给猫洗澡！

还有我的师妹小 K，她很想改掉职场老好人的毛病，但对她来说，当面拒绝别人，真的太难了。

这周五下班时，
邻座的同事又一次拜托她整理表格。

不好意思呀王姐
今天朋友约我去吃火锅

我已经放了她太多次鸽子
这次实在没法加班了

她犹豫了很久，拿起手机给同事
发了条信息，撒谎说自己有约。

尽管按下发送键的时候有点手抖，
走的时候也很慌张，生怕对方叫住自己，
但她还是很开心，这个小小的举动，
于她而言是大大的成绩。

我终于成功拒绝帮同事加班了！

虽然还是有些弱弱的，但这算是很好的开始吧。

🐱🐱

真棒！

在听她们讲述时，我同样感受到了
这些平凡细节带来的成就感。我相
信，慢慢地，她们也能记录下自己
的第二、第三个改变。

心理学家阿德勒曾说：

"人生不是一条线，人生是
一连串的刹那。"

我想，改变也是如此。

大多数时候，我们想要的改变不是一条线，
无法一挥而就，它是一连串的小改变。

就像我们握着手电筒走夜路，
有时路太漫长，电筒的光无法照得太远，

我们看不到尽头，
所以只能照亮脚下，
踏实地走好每一步。

也许有一天我们会发现，
自己已经走了很远，

而终点，
也离自己越来越近。

在"徐慢慢心理话"公众号成立之初，我曾经问读者最近有没有什么变化——

有人说坚持了 21 天给妈妈做饭。

有人说学会了龙虾的几种料理方法。

还有人说放弃了早睡早起的幻想，最重要的是睡得够。

在读者们分享的这些改变的片段里，我也感受到了那份小小的成就感、幸福感。

心理咨询师陈海贤老师，曾在《了不起的我》里提到"小步子原理"。所谓"小步子原理"，就是指我们不必给自己定太大的目标，也不要去想未来太过巨大的任务，专注于眼前能走的一小步，并把它走好，记录下来。因为这些小小的变化，更容易给人带来正向反馈，也就更能激励我们迈出下一个小步子。

看到这里的你，还会抱怨自己过去的努力无用吗？

也许，有很多小变化被你错过了。

记得时刻保持记录，因为这些小变化都可以被存储下来，转化为成长的动力。

在我过往的生活里，也有过特别难的时刻。

后来在心理学里沉浸了很久，
我学会了用一些小方法来应对。

我曾经把这些方法教给小航，
现在也想和大家分享。

面对困难时，
也许它们能给你提供一些积极的视角。

1.
来做客的情绪朋友

第一个方法是：
当你情绪波动比较大的时候，
不要反抗；

相反，可以试着给情绪命名，
和它们做朋友。

有段时间，我几乎每天都会失眠，
一躺到床上，心里的悲伤和恐惧，
就像是湿冷的潮水一样涌来。

某个辗转反侧的凌晨，
连褪黑素也帮不了我，

我决定把这两个情绪朋友叫出来，
跟它们聊一聊。

"恐惧"是一只微胖的怪兽，
喜欢躲在角落里，

而"悲伤"此刻正和我挤在床上，
一动不动。

你还好吗? 看
起来你好像很
伤心啊。

唉,我太难过了。

最近工作不顺利,老家
的妈妈生病住院了,我
也没法赶回去陪她。

今天就连自动贩卖机
也和我对着干,饮料直
接卡在中间出不来。

听起来确实很悲伤。没关系
的,你可以大哭一场,或者找
朋友聊聊天。

要不,我们把被子盖好,
然后睡一觉吧。

我又问角落里的"恐惧"。

你怎么样了？

它的声音颤抖。

我好怕……怕妈妈明天的手术有意外。

虽然只是一个小手术，医生也说失败率很低，但还是好害怕。

我轻轻拍了拍它的肩膀。

放心吧，妈妈的身体一直都很硬朗，还有爸爸陪在身边，一定会顺利的。

又陪他们聊了一会儿后，困意渐渐袭来，我关掉了台灯，披好被子，倒头进入梦乡。

后来每一个入睡困难的夜晚，我都会和自己的情绪聊聊天。

其实啊，每个人心里都有一个小房间，每天总有各种各样的情绪不请自来。

当给它们命名，并进行对话时，
我们就已经和他们在平等的位置上，
而不再是一个被压制的状态。

这时，我们可以更平静地觉察到内心的
感受，并进行安抚。之后，就能更从容
地面对那些不容易。

2.
洗澡回忆录

"当你不开心的时候，就去洗个澡。"

在遇到生活的各种坎时，
我都会想起这句话。

就好比今天，这个倒霉的台风天，
路上因为风雨太大，
折骨伞一下子被吹飞，我淋成了落汤鸡；

去ATM取钱的时候，卡被吞了；

最让人气愤的，
还是发情期的弗洛伊德
又尿在了小航的床上，
气得我打了它好几下屁股，

你怎么不长记性的！

结果它反而一脸无辜地看着我。

叹了一口气后，我推开浴室门，
打开花洒，再点开一首舒缓的爵士乐。

当温热的水在身上流动时，
情绪也舒缓了许多，

这被蒙上了灰的一天，
也慢慢地透出一抹亮色。

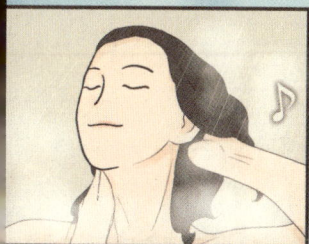

早上一出门，
就见到了几年没见的朋友；

还在甜品店吃到想了很久的奶油蛋糕；

下午的三个咨询也都特别顺利；

今天公众号后台还有个读者，
说看了我的漫画，受益匪浅。

陈豪
真的是宝藏公众号！后悔没早点
关注，学了好多心理学知识呀~

我又想到，今天这些"倒霉事"其实是在提醒我：
吞卡的ATM，提醒我以后可以预约无卡取款；
容易坏的伞，提醒我雨天要带更结实的伞。

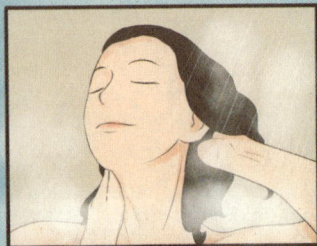

欸，对了！

弗洛伊德绝育的事情必须提上日程了！
这样它才不会到处小便！

这样想了一通后，
烦恼似乎一扫而尽。

有研究说，人在洗澡的时候，
会更容易平静下来，

进宝藏公众号
得早点关注，学

这时很适合复盘
一天的见闻。

那些积极的瞬间，有时就像压缩毛巾，
被我们藏在一个角落里，洗澡的时候，
随着水流，它们就像被泡发了一样。

这个由薄到厚的过程，
足以让我们心情变得好起来。

3.
新的剧情

有时候，我们以为人生是一部乌云密布的苦情剧，但换个视角，它可能是一部励志剧。

* 经来访者授权同意，涉及隐私情节已做模糊化处理。

有个来访者，提到自己因为戒不了烟很苦恼。

大学我就开始抽烟，后来工作了，就抽得更频繁了。结婚后，老婆让我戒掉，说不想让孩子吸二手烟。

我也想戒啊，可是太难了。而且每次回家她一闻到烟味，准会跟我吵架，也不让我碰孩子。

唉！我怎么连烟都戒不了，真的很没用。

咨询过程里，我问他什么时间会特别想抽烟。

工作压力大的时候吧，有时回家前在车上也忍不住来一根。

听起来，抽烟可以让你减压？

对。

刚刚说戒烟，现在有进展吗？

以前一天抽一包，现在半包左右。

如果你有个朋友,他为了孩子辛苦戒烟,你会怎么看待他?

说实话戒烟挺难的,我忍得很难受。朋友能这么做,真的挺有责任心的。

他愣了几秒,然后说:

啊,感觉被安慰到了。

后来又一次咨询,我让他做了一个小练习。我给了他一张纸、两支不同颜色的笔。

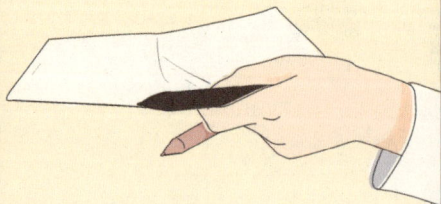

用黑色笔把戒烟前后所有的事都列出来,包括抽烟的利弊、自己戒烟时的努力。

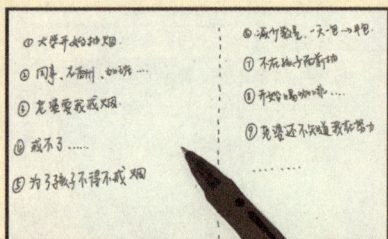

再用红色笔把积极的部分圈起来,最后串起来,重新和我分享。

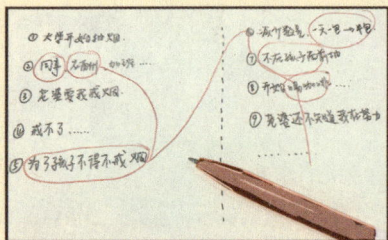

后来,他是这样说的:

生活压力大的时候,抽烟会让我暂时心情好一点。

虽然戒烟很难,但是为了孩子,我已经从一天一包变成一天半包。

只要给我多点时间,我相信我能戒掉。

还有,如果我能跟老婆说我戒烟的决心和进展,她也会理解我的。

讲完后,他说自己舒服了很多。

这一次,他没有把自己定义成有问题的人,而是——
"我有一个问题,也有能力慢慢处理它。"

这就是"剧情地图"的魔力。

每一个问题的背后都对应着一张地图,上面有很多条路线,有主线,也有支线,

无论哪一条,它们都是真实的。

但当我们在消极情绪里钻牛角尖时,我们也许就会变成苦情戏的主角。

而如果把积极的支线剧情梳理出来,给自己提供一个新的观察角度,

就自然有机会，看到生活更多的可能性。

4.
星星口袋

小航有一个小口袋，
里面放着用彩色画纸折成的五角星。

这是他6岁那年暑假时，我和他一起做的，
那时他已经会写字，我就让他把能想起来
的、快乐的事记下来。

弯弯曲曲的字，加上拼音注释，
还有用文字表达不出来的，他直接上手画。

现在这个小口袋里，已经有51颗星星了，

有的记录着在幼儿园里交到
第一个朋友时的快乐，

还有的比较简单，
比如收到了外公外婆的红包。

以前我也有一个"星星口袋"，
里面封存着我捕捉到的每一个闪光时刻。

你们是店里的第1000
个顾客，给你们免单
了哦。

谢谢这段时间
的看见和疗愈，
你很温暖！

就叫你弗洛
伊德吧。

"我有一个问题，也有能力慢慢处理它。"

把这些感动积攒起来后，
在后来每一段困厄的日子里，
我都会从口袋里掏出这些星星，
一颗颗地拆开读一遍，

读着读着就感到了力量。

所以我鼓励大家，
去拥有一个属于自己的星星口袋。

人生不如意十有八九，
但就算是这样的人生，
也会有闪闪发亮的东西。

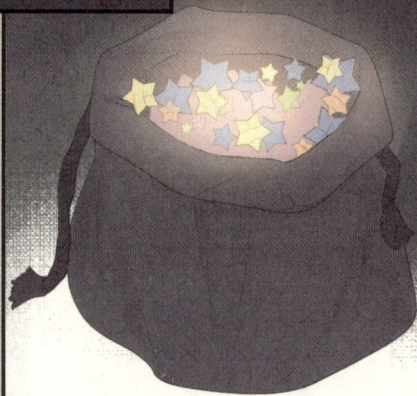

每当那时，千万别错过它们，
收集下来，尽可能详细地描述，
因为这是属于自己的故事。

我们如何讲述自己的故事，
就如何构建自己的人生。
而积极的故事，往往更能成为生命
旅途上的希望和力量。

未来，可能还是会有想放弃的时刻，

但别忘了，
漆黑的夜里，你的星星口袋发着光。

西华盛顿大学的凯特·麦克莱恩教授，曾经提道：

"我们讲述的故事，揭示了我们自己，构建了我们自己，在人生的旅途中支撑着我们。"

我们每个人成长至今，都有着许许多多的故事。

用不同的方式解读故事，故事也会散发出不一样的力量。

就像杯子里有一半的水，有人会说"唉，只剩一半了"，有人却会说"哇，还有半杯耶"。两种不同的解读，带来两种不同的心情。

可以说，我们如何讲述自己的故事，就如何展开自己的人生。

看到这里的你，不妨做个小小的思考练习：

· **现在困扰我的问题是什么?**

· **它的背后有着怎样的故事?**

· **故事里是否有积极、有力量的部分?**

· **我可以怎样重新叙述这个故事，让它变得不一样?**

然后试着把它写下来，或者跟身边的人讲述一遍，相信你会有新的收获。

PART 2　自我成长

"我只是没有努力而已，要不然早成功了"

为什么你会自我妨碍

之前收到一位读者的留言，
"吐槽"自己的孩子总是关键时候掉链子。

今天的数学竞赛，
他明明准备得很充分，
可到校门口才发现，
考试必需的铅笔忘带了。

你站这儿，妈妈去
给你买新铅笔。

可是我用惯了那
支铅笔啊，我要
回家拿！

这个孩子，平时学习刻苦，成绩也不错，
但一到大考，就会忘这忘那，要么看漏
题目信息，要么起晚迟到，要么走错考场。

他坚持要回家拿，
这样一来一回，耽误了不少时间，
考试自然也没发挥好。

我想不明白，为什么他非要回去拿这
支旧铅笔呢？
下午 2:52

我甚至觉得，他就是故意搞砸这场考
试的。
下午 2:53

可是不对啊，他明明很重视这个比赛，
还准备了大半个月呢……
下午 2:53

听完这位妈妈的描述，我想说，她的猜测很可能是对的，孩子确实有意无意地搞砸了重要的考试。

其实啊，日常生活中，这种"故意搞砸"的行为并不少见。

越是在关键时刻，越是面对迫切想要的东西，我们越是做不到全力以赴，

甚至还会主动给自己挖坑。

在心理学上，这种行为叫"自我妨碍"。

我有一个亲戚，就一直被困在"自我妨碍"里。

这个叔叔很有才华，却一直"怀才不遇"，日子过得紧巴巴的。

周围的人都替他惋惜，他自己也一直在寻找机会，想多赚点钱，改善家里的经济条件。

直到有一位发展得很不错的老同学联系上他，邀请他到一线城市去工作。

唉，可我这样挂心家里，做事肯定也做不好……

老陈啊，这个机会很难得的，我一下子就想到你了。

其实，家里人都很支持他去，老同学也帮他打点好了一切。

等了这么多年，终于等来一个如此难得的机会，一开始他也很兴奋，准备好好去发展一番。

爸，你去吧，我会照顾好妈妈和妹妹的。

可答应下来之后，他却陷入了犹豫和纠结中。

对啊爸爸，你不是一直跟我们说，想好好干一番事业吗？我们支持你！

不去了。

可是，他还是找了很多理由，拒绝了这个邀请。

我可以的，孩子们也都很听话呀，等你安定下来，接我们过去就行了嘛。

好吧，那我考虑其他人选了。

老同学不好强求，只好把机会留给了其他人。

算了算了，我就是这个命，不争了。

后来，村里分地，一家五口终于有机会住上大房子了。

就这样，他辛辛苦苦大半辈子，却依旧没有摆脱贫穷的"命运"。

大家都替他高兴，可是，他却再一次放弃了这个机会。

有地多好啊，你怎么不去争取呢？

他明明很想成功，却似乎一直在"自我妨碍"，拒绝每一次成功的机会。

唉，能争取到当然是好事。但万一争取不到呢？自己失望，还要被人笑话。

家里人很无奈，我也十分困惑，直到偶然间听说，叔叔高考那一年，虽然成绩优异，却因为以前落下的小病根，导致体检不过关。

体检结果

不合格

他想了各种办法，拼尽全力去争取，还是没能通过，

十几年的努力苦读，没有换来一丝肯定。

体检结果

不合格

最后，他只能和心仪的大学失之交臂。

村里有人同情，有人幸灾乐祸。

这次失败，沉重地打击了他的自尊，让他慢慢变成了一个"不争不抢"的人。

对他来说，"努力却失败"意味着，自己真的没能力，真的很差劲。

很多时候，我们无法全力以赴，都是源于害怕失败，以及失败带来的自尊受损。

而"自我妨碍"，实际上是潜意识里的自我保护机制。我们故意夸大困难，甚至给自己挖坑，

都是为了给最后可能出现的失败结局，提前"挽尊"。

要不是因为这个，

我才不会失败呢。

比如前面提到读者的孩子，
他晚起迟到、看漏重点、丢三落四，

可能是因为害怕考砸，害怕被批评，
先找好一些"客观原因"来甩锅。

比如我的这位叔叔，
在他放弃各种进取的机会时，
"为了孩子""不争不抢"或许只是借口，

比起直面失败的打击，
躲在借口后面，确实轻松许多。

当年我要是去了大
城市，说不定能是
个老板呢。

就像武志红老师说的，

这种拒绝投入的状态，会让人
产生一种感觉——我在掌控，
我在选择。

即使"失败"，也是我自主选择的，是在
我掌控之内的——这种感觉，在一定程
度上可以有效地维护自尊和自己的形象。

我很理解，有时候一点点"自我妨碍"
确实能让我们好受一些。

但长期困在"自我妨碍"中，
我们便无法享受成功的喜悦。

即使获得了成功，也没办法站稳在高处。

我有一个来访者，陪男友从零
开始奋斗，不离不弃，

却在结婚前，因为"房间插座要安在哪里"
这件小事，和"准老公"闹掰，婚也没结成。

身边的亲朋好友都很不能理解。

他是个穷小子的时候，
你一直跟着他；他现
在什么都有了，你反而
离开他？

闺女你是不是傻呀，
一件小事你非要闹
这么大……

来访者自己也说，
"插座"确实是一件小事，

她之所以借着这件小事，逃离这段"成功"
的婚姻，是因为她内心对于失去的恐惧。

她觉得对方太过优秀，
旁人也说这桩婚姻非常完美，
这让她深陷恐惧之中。

害怕自己无法长久地拥有它、维持它，
所以，索性把它搞砸了。

这种"自我妨碍"，
给她提供了"不会失去"的安全感。

其实，不少人都做过这种"给自己挖坑"
的事儿，我也不例外。

每次临近交稿日，我就严重拖延，
明明知道任务紧急，明明想把文章写好，
但就是无法投入。

妈，你刚刚不是说要去
写稿吗? 很多读者还在
等着看你的文章呢。

……

不过还好，这种"自我妨碍"并没有严重
影响我的生活，我就当它是紧张生活的
"缓冲带"，等紧张缓解了，我又可以继
续去面对挑战。

但如果，这种"自我妨碍"的行为出现得太过频繁，就会严重困住自己前进的脚步，让你什么事也做不成。

那要怎么办呢？我建议大家和我一起，想想最坏的结果。

就像我刚刚说的，大部分的"自我妨碍"都源于对失败的恐惧，
与其恐惧，不如直接走到"失败"面前，看看它到底是个什么东西。

如果我稿子写出来之后，读者不爱看，阅读量不好，甚至有很多不好的评论，怎么办？

你也许就会发现，"失败"只是一种普通的体验，并没有那么可怕。

只要我对自己的稿子负责，相信自己输出的内容，

就算阅读量不够好，也有读者不认可，这个"失败"我也能够接受。

这个失败，提醒我可以对稿子做一些调整。

但它并不意味着，我是糟糕的。

多暗示自己,搞砸就搞砸,失败就失败,这么一想,"自我妨碍"似乎就没有什么必要了。

当我们开始迈出第一步,全力以赴地去争取时,就更容易积累一些成功的经验。

而这些经验,可以帮我们建立一个更加稳定的自我,让我们更有自信地投入下一次尝试。

慢慢地,你会发现,

自己迈进了一个"自我成就"的正向循环。

心理学家巴格拉斯和琼斯提出：个体为了回避自己的不佳表现所带来的负面影响，可能会采取一些行为，增大将失败原因外化的机会。

　　也就是说，当我们太在乎一个东西的时候，太担心自己把它搞砸，就会去制造一些外在的意外。末了，再说一句："我只是没有努力而已，如果我努力了，结果一定会不一样。"

　　这种感受，就像心理咨询师、心理学畅销书作家武志红老师说的：如果投入70分，我得到的只是70分，甚至得不到，我可以接受；倘若投入了100分，得到的却是70分，甚至0分，这太打击人了。为了避免"努力却失败"导致的自尊受损，我们常常做不到全力以赴。

　　我能理解这种感受，但同时，我也想跟大家说：失败，其实没有那么可怕，它只是人生中千百万种体验的一种。当我们不再把"失败"和"我很差劲"紧密捆绑在一起时，或许会发掘出自己未知的潜能。

大家有没有过这种经历：

一开始，给自己立了一堆目标，
打了满满的鸡血，
结果每次都是三分钟热度，
很快就泄了气。

比如，我表妹在国庆长假开始之前，
就已经给自己定好了目标：

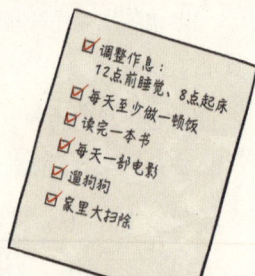

☑ 调整作息：
　 12点前睡觉、8点起床
☑ 每天至少做一顿饭
☑ 读完一本书
☑ 每天一部电影
☑ 遛狗狗
☑ 家里大扫除

打算好好利用这个假期，调整一下，
摆脱这大半年的颓废状态。

放假第一天，她信心满满，
每一项都完成了。

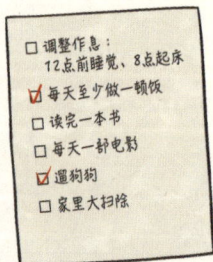

☐ 调整作息：
　 12点前睡觉、8点起床
☑ 每天至少做一顿饭
☐ 读完一本书
☐ 每天一部电影
☑ 遛狗狗
☐ 家里大扫除

第二天，她开始觉得有点累，偷了小懒。

或许，不是你执行力太差，而是你的执行力用错了地方。

到了第三天，这个计划表已经被她丢在一边。假期过完，她的颓废一点没少，还多了几分焦虑。

立了目标，又"啪啪打脸"这种事，表妹不是第一次经历了。

她来向我求助，把自己从头到脚数落了个遍。

我的回答，让表妹很吃惊。

我想尽各种办法去督促自己，花了好大力气要改掉自己的毛病，

慢姐，我真的很讨厌这么丧的自己，可我的执行力实在太差了！

这怎么会错呢？

我什么事都做不好……

其实，有不少读者和来访者，也跟表妹有着同样的困惑。

听完表妹这一番"自我轰炸"，我只跟她说了一句——

老师，我身材不好，但又坚持不了节食和运动，怎么办啊？

老师，其他小孩子都多才多艺，我家娃弹个琴都半途而废，怎么改掉他这个毛病啊？

老师，我老公都 32 岁了还一事无成，可他每次想做点什么都是三分钟热度，怎么解决这个问题呢？

当我们想改变的时候，
似乎总是习惯先找到一个问题。

我太颓废了
我太胖了，好丑
孩子不优秀，还偷懒！
老公一事无成，还容易放弃

再给自己 / 对方制造一些压力，
希望以此产生解决问题的动力。

找到问题
↓
制造压力
↓
产生动力

可结果往往都是
"间歇性努力，持续性躺平"，
光感受到压力，却没有获得动力。

找到问题
↓
制造压力
✕
产生动力

就像《最小阻力之路》一书中说的：

这种解决问题的思维，
很难产生持续的动力。

有一个来访者，就困在这种"解决问题"的思维中，挣扎了很长一段时间。

她跟我说，在27岁之前，自己从来没有谈过恋爱，一直把全部精力放在学业和工作上。

不知道从哪一刻开始，她突然觉得：不能再这么下去了。

或许是因为身边的同龄人都开始结婚，开始晒娃；

或许是因为家里人开始替她着急，各种催她——

这些似乎都在告诉她：这么大年纪却还没谈过对象，是不正常的。

所以，她给自己定了一个目标，一定要在30岁之前，找到一个合适的伴侣。

她开始听从家里人的安排，积极去相亲，

也会让身边的朋友给自己介绍对象，甚至在好几个婚恋平台都注册了账号。

可是，每一次相亲，她都坐立难安：

要么觉得自己不够好，
一直在调整自己的仪表和谈吐；

要么觉得对方不够好，
一直在默默挑对方的刺儿。

几乎每一次相亲，她都是相到一半
就筋疲力尽，落荒而逃。

偶尔碰到有好感的男生，试着去相处，
也是不到一个月就不了了之。
前前后后相亲几十次，她还是没有脱单。

我觉得，我们不合适，不
用再浪费彼此的时间了。

老师，我也不知道是我有问
题，还是别人有问题，为什么
脱个单这么难呢？

或许，你先把"摆脱单身
状态"这个问题放一边，

问问自己，想要拥
有一段什么样的亲
密关系呢？

这两者有什么区别吗？

摆脱单身，和拥有亲密关系，
其实是两种截然不同的思路。

前者是"解决问题的思维"，
把单身当成一个问题，想要去解决它。

后者则是"创造型思维"，
确定自己在亲密关系上的需求，
然后去满足它。

我刚刚也提到，"解决问题的思维"
难以给我们提供持续的动力，

相反，"创造型思维"却可以做到。

就像这位来访者，当她试着把自己有问题、
不正常这些想法，暂时放在一边，

好好地问问自己，"我想要拥有一段什么样的亲密关系"，她发现，相亲这件事变得轻松了许多。

她不再像从前一样，因为自己穿错一条裙子就别扭，因为别人说错一句话就生气，

而是愿意给自己和对方更多的时间和空间，去互相了解。

即使没有和对方看对眼，她也没那么心急了，

我们还是更适合做朋友，不过，我相信我们都会找到那个对的人。

因为她慢慢开始清楚，自己想要找一个什么样的人。

她不再那么在意"单身"这个问题了，而是把关注点放在期待未来某一天和他相遇这件事上。

前阵子，她开心地跟我说，在朋友生日的聚会上遇到那个 Mr. Right 了，

两人不太需要磨合，相处起来很舒服，是她一直想要的恋爱感觉。

所以啊,你看,当我们不再纠结于"问题",而是想要什么,就努力去创造什么,或许会惊喜地发现,自己有着源源不断的动力。

这是为什么呢?《最小阻力之路》一书的作者说:创造型思维的动力,来源于爱。

回过头想一想,当我们陷入解决问题的思维中,比如,想摆脱颓废状态、想改掉肥胖的形象、想督促孩子赶上别人,

其实动力都是一样的:对于现状的不满意。

我不是说,我们不能表达不满意,只是想告诉大家,这种"不满意"的情绪,很难成为我们行动的动力。

只有我们真正热爱的、发自内心想要去创造的东西,才会散发出引力,吸引着我们一步一步去靠近。

前阵子,闺蜜来我家玩,吐槽最近工作压力大,和婆婆又有一些小矛盾,

她处理不好这些问题,整个人都很不开心。

唉,我要怎么办才能开心起来啊?

在一旁认真看电视的小航听到了，
转过头来跟她说——

阿姨，要开心很简单呀，
直接去做一些让你开心
的事就好啦!

我今天没考好，也很不开心，
那就看看喜欢的动画片，让自
己开心一下咯。

没考好，还好意思看
电视啊? 这集看完，
赶紧去做作业了!

不过，小航说得挺对的。
当我们有"开心"的需求时，
不一定非要去解决自己的"不开心"。

直接去做一些能让自己开心起来的
事情，不失为一个更好的办法。

面对人生也是一样，
很多时候，
比起鞭策自己去解决问题，

让自己去创造想要的未来，
才是一个更加省力的选择。

当我们想做出一些改变，取得一些进步的时候，总会下意识进入这个流程：

审视自己 → 找出问题 → 分析（夸大）问题的严重性 → 制造压力 → 产生动力

看似顺利，但现实却是：我们常常没办法坚持下去，总会中途放弃。

究其原因，其中有一个很大的误解：我们以为焦虑会产生动力，其实不然，焦虑反而会产生懈怠。

相反，当我们开始不把自己当成一个"问题"，不再攻击自己，成长反而会悄然发生——

想要拥有更健康的身材，先停下"我好胖""我好丑"的自我攻击，在自己可接受的范围内，有规律地进行运动和饮食，时不时奖励自己偷偷懒、吃好吃的。

想要提高自己的学习和工作能力，先停下"我好笨""我好懒""我比别人差"的自我指责，沉下心来问问自己：我期待自己变成什么样子？

然后，带着对自己的爱，一点一点地去把"期待"变成现实。

最近在看一部剧，叫《三十而已》，

里面一对夫妻的争吵场景，
很值得讨论。

老公陪老婆去医院做完手术，
两人在店里吃早餐，

老婆感叹，不知道从什么时候起，
两人不再坐同一边吃饭，衣服不再一起洗。

以前我们谈恋爱

还有刚结婚的时候

我们吃饭都是坐在一边的

我们恨不得

偷偷地把手放在桌子底下

可是从什么时候

你就坐到对面去了

点菜

上菜

然后用最快的速度吃完

最多评价一下菜的咸淡

老公第一反应，
不是直面两人关系中出现的这道裂缝，
而是反驳和为自己解释。

我觉得你记忆可能出现偏差了

咱俩之前吃饭是坐在一边的

那后来不是因为有一次

咱们去一家特别火爆的餐厅

人特别多

你不愿意和别人拼桌

才让我坐到对面的吗

就像那天你问我

衣服为什么我自己的都单洗

那不是因为两年多之前

我洗坏了你两件真丝的衣服

你跟我说让我别碰

很多人看到这一幕,
估计都跟他老婆一个反应。

就当我刚刚的话白说了

老婆在试图沟通,解决两人的问题,
可是老公却在争对错。

他好像说得都对,什么都没做错,
可是话一出口,一下子就把对方推得好远。

我发现,无论是在咨询里还是生活中,
像这样执着于"争对错"的人真的不少。

093

我曾经遇到一个合作的伙伴小 A，因为一些原因耽误了项目的进度。

其他人都在忙着想办法，尽快赶上，她却花了很多时间去解释对错，

努力地想说服大家：这不是我的问题，我没有做错。

这不仅拉低了团队的效率，还搞得大家都不太愉快。

如果我们把这种"处处争对错"的处事方法带到亲密关系里，又会怎么样呢？

最近，闺蜜小盈重返职场，她妈妈过来帮她带孩子。

有一天下班回家，她看到孩子膝盖擦伤了。

宝宝，你的腿怎么受伤啦？痛不痛啊？

今天姥姥带我下去玩，跑太快，摔了。

妈，小宝很好动，下次带他去玩，您多看着他点。

她只是随口说了一句，妈妈却反应很大，一直跟她解释，甚至有点生气。

都怪这孩子太皮了，我一直看着也看不住啊！

而且是楼上那孩子撞了小宝，小宝才摔跤的，是人家家长没看好孩子啊。

哪里是我没看好他？这可不能怪我！！

因为小宝摔了这一跤，小盈妈妈再也不愿意带他下去玩了。

姥姥，我想下去跟小奇玩儿，我好几天没去了。

咱不去了啊，一会儿你磕着碰着哪儿了，你妈妈又要怪我了。

小宝很伤心，哭着跟妈妈抱怨，说不喜欢姥姥。

本来一家人和和气气的，一下子闹得有点僵。

小盈没有办法，只能来找我诉苦。

唉，我也没有说我妈什么啊，她怎么就急了呢？

我也有点意外，我记得你说过她很宠小宝的呀。

是啊，你看上次小宝发烧了，她一晚上不睡觉，隔两个小时就给他喂水、测体温，比我还紧张。

可一旦出什么问题，即便是很小的事，她都很急，一定要证明自己没有错。

在小盈的描述中，妈妈一直都是一个活得很"正确"的人。

认真读书，认真干活，到时间就结婚生子，细心照顾一家老小。

她是个安安分分的好女儿、好妻子、好妈妈、好儿媳，从来没有做过"错事"。

或许，这也是我们大部分人的成长过程吧，只敢做"对的事"，是因为我们很少能体会到"无条件的爱"。

在学校，要考高分，要守纪律，才能得到老师的认可；

在家里，要勤快听话，要符合爸妈的期待，才能得到他们的夸奖；

不小心说错一句话，做错一件事，就会受到批评和责罚；

在这样"奖惩分明"的标准下，我们时刻被一种"不安全感"裹挟着。

开始在潜意识里相信，犯错的人，是不会被接纳的，我必须努力证明自己是对的，才能得到外界的认可。

甚至于，有时候出于对"犯错就要挨打"的恐惧，我们会慢慢变得不敢承担责任。

就像《三十而已》中的老公，面对老婆的质问，一冲动就离婚了。

职场上的小A，
由于害怕犯错，很难伸展拳脚。

还有小盈的妈妈，和小盈一有"育儿分歧"，
就想收拾东西回老家。

讲到这里，我想起武志红老师
曾经讲过的一句话：

总想正确地活着，其实是
一种虚弱。

当我们拿着一套"标准答案"，不断对照审视
自己的一举一动时，表面上，我们的努力得
到了他人和世俗的肯定；

而背后，却藏着深深的依赖和恐惧，
依赖外界的评判标准，
恐惧被他人抛弃和隔离。

当然，我没有说"正确地活着"不好，
很多时候，我们需要"正确"，
它确实给我们带来不少安全感。

我想说的是，如果你"正确"了太久，
感觉有点累了，

或许可以试着放下这种"对与错"的执念，
去听听自己内心真实的声音。

分享一个我自己的经验。我曾经是
一个很怕输的人，对我来说，输
就是一个不能接受的错误。

直到大学时的那场趣味运动会，
我不幸抽中最不擅长的乒乓球，
拿了倒数第一，拖了班级的后腿。

可是，那次"倒数第一"，却给了我
一种奇妙的体验，班里没有人怪
我，没有人嘲笑我。

大家很热心地教我，拍子要怎么拿，
步子要怎么踩，还约我以后一起打
乒乓球。

原来，输掉比赛并不可怕啊，

它不是一个错误，
只是一种不同的人生体验而已。

人生中的其他事也一样，
其实并没有那么多"该不该""对与错"。

少一点向外界标准寻求答案，
多一点向内心问问自己的想法：

"抛开那些所谓正确的事，
还有什么是我真正想做的？"

如果你有了答案，不妨大胆去试试吧，

即使犯了错，
我也相信你可以想办法解决的。

进入心理咨询行业这么多年，经常有来访者问我这样的问题：

老师，我这样做难道不对吗？

老师，我不敢，万一说错了怎么办？

老师，我也想这么做，但理智告诉我不可以啊！

在他们心里，总有很多"正确"的标准；在这些标准之下，他们小心翼翼地工作、生活，生怕做错一个选择。

这些标准从何而来呢？

它们可能来自外界的要求，可能来自父母的教育；在成长的过程中，慢慢化入我们的"超我"，严格地管控着我们的一举一动。

弗洛伊德认为：当超我和自我产生冲突时，我们就会产生严重的"道德焦虑"，觉得自己做错了。而做错了，则意味着没有价值，不会被爱。

如果你们也正在经历相似的痛苦，我有两句话想送给你们：

一、如果我们被"正确"管控，就很难绽放内在的生命力。

二、终其一生，我们不会因为"保持正确"而被爱。

刚刚结束了一场咨询，

来访者是一位刚离婚的女士。
她最近连着好几个星期失眠，
情绪也很低落。

她担心再这样下去，自己会抑郁，
于是迫切地想解决这个问题。

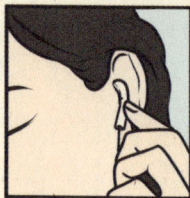

她听白噪音，

吃褪黑素，

睡前泡热水澡，

把能想到的方法全都试了一遍，却依旧不奏效。

她迫切地想找到一颗"灵丹妙药"，但却事与愿违，不仅没有睡着，自己也更焦虑和痛苦。

其实，我身边也有不少人，在遇到生活难题时，总是急着找"一键解决的按钮"。

settle

这很正常，毕竟谁都想赶快搞定烦人的事情，但今天我想说的是，

比起"解决问题"，有时，我们更需要"带着问题生活"的能力。

我的朋友笛子，就曾带着"饮食障碍"的问题生活了好几年。

从小，笛子就不是苗条的女孩，经常被班上的男同学嘲笑。

这让她对自己的身材越来越不满意，尤其是上了大学之后，爱美之心就更强烈了。

她很想减肥，却又抵抗不了美食的诱惑，慢慢地，她出现了饮食障碍——忍不住嘴馋的时候，总会暴饮暴食，再抠喉催吐。

她深知这种行为是很病态的，每次她催吐完，站在洗手台边漱口时，都不敢看镜子里的自己。

她觉得，自己正在变成一个"怪物"，而且，她偷偷在网上搜索资料，发现"催吐"还可能会引起食道癌和其他并发症。

这一切，都让笛子陷进了巨大的恐慌里。

于是她更加着急地想戒掉这个习惯，但每一次尝试都会失败，甚至导致下一次更加严重的暴饮暴食。

笛子很痛苦，也很无助，不知道到底要怎样做，才能停下这种"病态行为"，让自己回到正常的生活轨道。

在和饮食障碍做斗争的这一年多里，她自我厌弃的情绪越来越强烈，整日忧心忡忡，愁眉不展，连走路的步子都变得沉重。

那段时间，她还会反复做同样的噩梦，梦里，有一只怪物追着她跑，

笛子不是没有试过找人倾诉，当她找闺蜜聊的时候，闺蜜试着帮她分析问题、解决问题。

你这个病还是得想办法治好。

眼看着就要被它追上，她想使劲往前冲，脚却像灌了铅一样使不上力。

可这却让她更确信：自己真的遇上大麻烦了。

直到后来，她和表姐提到这件事，问题才出现了转机。

表姐当时的反应，让笛子有点出乎意料，她的语气云淡风轻——

我以前也会这样啊，但现在已经好了。记得不要太频繁就好，不然确实会影响健康的。

表姐的回答，在她布满阴霾的心里洒进了一缕阳光。

和闺蜜相反，她没有逼着笛子看医生，也没有说这个习惯有多不好。

笛子突然意识到，原来，不只她一个人在面对这个问题，表姐也曾带着这个问题生活，现在依旧活得很好。

原来，她可以不用逼着自己一下子消灭掉"怪物"，只要降低频率就好，这是她可以做到的，

想到这，她的心情终于稍微轻松起来。

后来，当"饮食障碍"再次出现时，
笛子会先放下责备自己的念头，
她试着跟自己说："只要降低频率就好，
不用太慌张。"

就这样，从一周两次到一周一次，
再到半个月一次，
她一点点地驱散了对"问题"的恐惧，
也一点点地学会了和"问题"共处。

虽然直到现在，怪物还是偶尔会出现，
但已经不太会影响到她的生活了。

笛子的故事就讲到这里，
今天我想和大家分享的是：

大多数时候，压垮我们的不是问题，
而是对"解决问题"这件事的执念。

当我们坚持着"只有解决问题才会好"
的念头，不停地钻牛角尖时，
这个念头就会触发很多消极情绪，

比如恐惧、焦虑或是愤怒。

这些情绪会放大问题，
也可能困住我们，
让我们付出的努力都适得其反。

107

相反，当我们放下"必须解决问题"的执念时，我们的心态会更平和，也就能更坦然地面对问题。

也许最终问题会被解决，也许会像李松蔚老师说的——变化随时在发生，"问题"有时也不那么需要被解决了。

就拿我自己来说吧，我身上也有很多"没有被解决掉"的问题，

比如拖延这件事。

下班前
一定要交稿

曾经，我想尽了办法克服它，但"拖延症"却特别顽固，克服它的过程还搞得我很烦躁。

慢慢姐~工作总结呢?

直到后来，我决定放弃，

我试着放下"必须要克服它"的执着，带着"拖延"一起生活。

是不是因为自己并
不喜欢这件事?

还是找不到做
下去的意义?

是不是压力太大了?

我发现,这些思考和体会是更珍贵的
东西,拖不拖延的,也没那么重要了。

最后,我想用一首诗的节选,
作为今天的收尾送给大家:

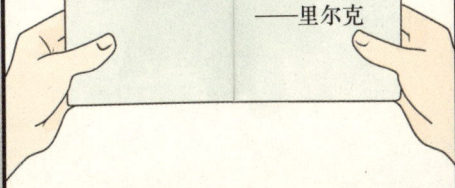

你要先带着问题去生活,而
生活会逐渐地、不知不觉地,
在一段时间后,越来越接近
你要的答案。

——里尔克

经常有读者在公众号后台留言，跟我诉说生活里的烦恼。

交谈的过程中，我常常看到这样的留言："那我到底该怎么做才能变好？"

我能理解大家的无助和焦虑，但同时，我也想跟大家分享一个新的尝试：试着放下对"解决问题"这件事的执念。

这会让我们减少因"执念"而产生的负面情绪，让我们有更平和坦然的心态，也就让我们更能看到问题的本质。

斯科特·派克在《少有人走的路》里写道："所谓人生，就是一个个问题接踵而来。"

在这样的人生里，我们接题、解题，或许能解决一些问题，但总会有无力的时候。在这些时候，就给问题多点时间，给自己多些接纳吧。不妨带着觉察，和问题相处，也许我们会有新的思考，也许问题会有新的变化。这些思考和变化，最终会转化为"成长"二字。

前几天，听到同事在聊"自律"的话题——

开始健身之后，每天连做梦都是教练在喊"腿抬高""再蹲3分钟"，太可怕了！

听完他们的吐槽，我想说：

为了把自己塞进去年的裙子里，中午沙拉，晚上白煮蛋，减肥的日子太苦了。

自律这件事，真的注定是痛苦的吗？

最近在考证，每天下了班，还得逼自己看三个小时的书，看得眼睛发酸。

很多年前，在看了《少有人走的路》之后，我改变了这种看法。

作者在书中提了一个观点，

要把爱和自律结合起来，
越自爱，
越能自我完善。

也就是说：要实现自我提升，
靠的是爱自己，给自己更多的接纳、宽容，

而不是一味地约束、挑剔和批评。

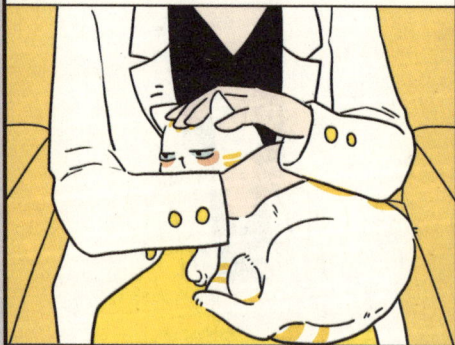

环顾四周，我发现身边朋友这些年
的变化，都在印证这一点。

今天就来分享一下小麦的故事，
或许你也能从她的故事里获得一些启发。

小麦是一个很追求自我成长的人。
2019 年的时候，她白天上班，晚上
到商学院上课，中间还得腾时间接
女儿放学。

好好好，我马上就到。

就连周末，也安排得满满当当，
游泳课、烘焙班、看书刷题……

她的生活，每天都像被拧紧了的发条，一刻不停歇，而她坚持下去的动力，就是不停地自我谴责。

比方说：
上课迟到了，她就会在脑内开启一个尖锐刻薄的声音——

> 这么贵的课，居然还好意思迟到？

> 本来课程就紧，跟不上怎么办？

> 当妈的，要给孩子树立好榜样，你这样可不行。

把自己彻头彻尾地攻击一遍后，她决心下次做得更好。

> 下次一定要提早到！

这种"自我批评—再改善"的模式，她屡试不爽，

但超负荷的运转，让她的身体开始吃不消，体检报告上出现了好几个异常的数字。

> ……

她的内心也变得十分紧绷，每天都是战战兢兢的。

有时难得陪家人出去旅游，老公和女儿撒了欢地玩，但她还是苦兮兮的，时不时翻看工作资料。

倒不是因为真的忙，
而是她在提醒自己：

"不能放松懈怠啊，
一放松就会不思进取，就会堕落。"

直到有天，下班接了女儿放学后，
她本应该赶去上课，但肚子实在饿得不行，

又想起体检报告上的"血糖过低"，
犹豫了一会儿，她就近找了个餐馆，
吃了碗热乎乎的面。

那节金融课，她迟到了十几分钟。

今天怎么
有点晚?

不好意思，今天接女儿放
学，太赶了。

回到座位后，她照常听课，照常做笔记。

她发现，平时都是饿着肚子上课，
今天吃饱了，反而更能集中注意力了。

那晚过后，她的心里似乎有些
东西开始松动起来。

之后，在闺蜜的建议下，
她调整了上课时间，
不再安排得那么紧凑，

每当做不好的时候，
也总会想起那一碗热腾腾的面。

她会提醒自己，宽容一点，
慢慢来也是可以的。

没事，我是新手，搞
砸也是正常的。

她的心里，除了自我谴责，
渐渐多出了对自己的爱和怜悯——

周末睡过头了，就理直气壮地继续睡；

看不进去书了，她就会
允许自己缓冲一下；

听听音乐，泡一壶清茶，
享受片刻的悠闲。

今年年初，她顺利拿到 MBA 证书，整个人的状态也变得好了很多。

而比这些更大的收获，是她分享的一个觉察——

以前一直执着于给人生开困难模式，

现在才知道，对自己温柔点，更容易过上好日子啊。

这样的体验，对小麦来说，真是一个很大的成长。

回到一开始的话题，

我之所以鼓励大家用爱自己的心态来自律，原因其实很简单。

自我批判，也许能让我们一时紧张地提升，但也会让我们消耗过多心力，越走越无力。

只有关怀自己，
和自己达成足够好的合作关系，

自律这件事，才会变得
更有弹性，更容易坚持。

那要怎么样，才能做到这种
基于自我关怀的自律呢？

我想分享一个"去中心化"的
练习方法。

想象一下，你最好的朋友或亲人，
和你一样正在努力地自我提升，

当他坚持得很辛苦时，你会怎么用
善意来鼓励、包容他呢？

就拿我自己来说吧。

我是个特别容易丢东西的人，
为了戒掉丢三落四的毛病，我会
逼自己——把经常用的物品固定
在某个位置；

出门前确认自己带了几样东西，
每离开一个地方，就检查这几样东西是否齐全；

钥匙、钱包、耳机……

想明白之后，我就能跳过自我否定的内耗，直接解决问题了。

我想请你，跟我一起练习一个动作：

抬起双手，交叉环抱自己，

今天说这么多，其实总结起来就一句话：

爱和善意，
比苛责和鞭策更能帮助我们成长。

拍拍你的肩膀，

那么，看到这里的你，对自己还好吗?

然后告诉自己：

"过去的，我已经做得很棒了。
剩下的，我真的可以慢慢来。"

如果你还在用一种逼迫、折磨的方式来催促自己进步，

看完漫画，也许有读者会担心：如果我用爱、善意和宽容来对待自己，我会不会因此就懈怠了，堕落了？

我想说，"自律"并不意味着消除懒惰。

自律，是一种怀揣着变好的期待、主动施行的、更健康的生活方式。在对自己的爱和期待下，人一定是会有向上的力量的，因为这才是最有效的内在动机。

换句话说，如果你愿意真正地关怀自己，你也会自发地做让自己成长的事情。

讲到这，我想起一个很喜欢的英语短语——take baby-steps（像婴儿一样前进）。放到今天这个话题，同样合适。健康的自律，永远无法一蹴而就，也不是紧紧逼迫自己、鞭策自己，而是怀揣着一个美好的愿景，然后一步步地靠近它。

在这个过程里，你的步伐可能会很小，你可能会需要偶尔停下，还可能会犯糊涂。但这都没关系，因为在对自己的爱和善待下，我们终将活出一种更有弹性的、更自在的姿态。

PART 3　亲密关系

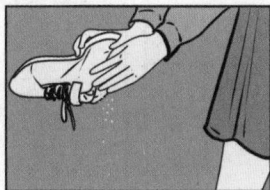

为什么有些关系，越努力越不幸福？

快乐要先给自己

生活中，我们经常会听到一句话："你快乐，所以我快乐。"

也有人把它作为关系的准则，觉得要努力照顾对方感受，感情才能长久。

但今天我想说，在关系里，"让自己快乐"比"努力"重要多了。

朋友阿黎分手半年后，约我出来吃饭，她感叹自己在上一段感情里太用力了。

她会为他早起，变着花样做便当；

明明对足球不感兴趣，却陪他熬夜看球赛；

也会给对方足够的空间。

今晚阿强约我出去喝几杯，晚点回，就不跟你吃饭啦！

嗯嗯，那我自己吃，不用担心我哈！

阿黎认真地经营着这段感情，恰到好处的撒娇、随叫随到的陪伴、点到为止的关心，

她时刻把男友的感受放在第一位。

可日子一久，她觉得越来越累，

两人的矛盾越来越多。

讲到这里，阿黎灌了一口啤酒，借着酒劲说：

我都这么努力了，把能做的都做了，结果却吃力不讨好。

唉，以后再也不想这样了。

我觉得，她这份觉察真的特别好，

总是优先考虑别人，常常会让自己筋疲力尽。

所以我想告诉大家，在任何关系里，你最需要做的事，都是"优先看见自己"，

优先考虑自己的情绪和需求，并尝试表达出来。

123

用大白话说就是，"自私点"，让自己
先快乐起来。

可能有人会问："如果每个人都只顾着
自己，关系还怎么维持？"

关于这个问题，我来给大家捋一捋，
"优先看见自己"会导向的两种结果。

第一种是，
"我"快乐，"你"也快乐。

工作室的小可，
说她和朋友 Y 五年多的友谊，
就是靠这种模式维持下来的。

去年 Y 刚离婚时，每天都会找她
吐苦水，有次她加班到 11 点，回
到家已经累瘫，

却还是接到 Y 的电话。

我好难过，你能陪我说说话吗？

当时她困得要命，只想好好休息。

亲爱的，我今天实在是加了太久班，身体急需充电，先不聊了，明天找你吧。

第二天小可就回了电话，和 Y 聊了两个多小时，

因为休息好了，她更有耐心去陪伴、倾听，Y 感受到了朋友真诚的支持，心情也好了很多。

前几天，她们约好要去看画展，Y 却临时有事，放她鸽子。

后天那个画展，我不去啦。

小可没有强颜欢笑，表示理解，而是坦言自己的失望。

看起来，小可在这段友谊里似乎有点自我。

亲爱的，我今天实在是加了太久班，身体急需充电，先不聊了，明天找你吧。

我们约了那么久，你说不去就不去，我很不开心。

可她说，在她把情绪宣泄出来后，她不会心存怨恨，还可以大大方方地和Y分享快乐，

说开了之后，两个人的心里都舒服了很多，最后，她一个人开开心心去看了画展，

还拍了很多照片给Y看。

也能在照顾好自己的感受之余，给她更多的慰藉和支持。

126

所以你看，当我们好好滋养自己时，
自然会有溢出的力量，去滋养他人。

而我想说的第二种结果是，

"我"快乐了，"你"却不快乐了。

电视剧《香港爱情故事》里，
妈妈莫少霞的故事打动了我。

他们一家五口，
生活在不到十平方的劏房里，

妈妈每天有做不完的家务，
还总被老公挑剔、怨骂，

为了维持这个家的表面和平，
她习惯性地压抑自己。

就这样忍辱负重地生活了三十多年，

在她生日那天，
她给自己送了份生日礼物——离婚。

不知道什么时候起

他站在那儿，吃口饭、说句话

就算只是坐在那儿

我都觉得我好像喘不过气来

我只是觉得我很不开心，很想离开

这是她在这部剧里，
第一个"优先看见自己"的时刻，

但家人的反应却很激烈。

儿子不理解，说一家人不用算得那么清楚。
丈夫大发雷霆，拒绝签离婚协议。

但她很坚定，也做出了改变：
画清界线，去茶餐厅找工作，
搬进了临时宿舍。

我跟你爸爸从今天开始就正式分居

以后他是他，我是我

以后我不会全天候24小时伺候你们

其实，她不是没有过犹豫和挣扎，

她也担心离开后，
丈夫不开心，子女有怨恨。

但那些被压抑的感受越强烈，
她就越渴望离开。

当她终于过上属于自己的生活，
过去那些困扰她的声音，那些阻碍她的关系，
也变得无关紧要了。

今天我讲这个故事，就是为了告诉大家：
关系里最重要的体验者，是"我"本人。

当你在一段关系里，
自己感觉良好了，
对方却不开心了，
那你可以问问自己：

"我是真的需要这段关系吗？
我要的到底是什么？"

以前上学的时候，我也会花费心思
来维持与很多人的关系，

直到后来，我想通了一件事：
一段健康的关系，是两个人都感觉自在的关系。

如果有人因为我"优先看见"自己，
就指责我太作、不好相处，或者离开我，

那我只能说一句：
如果"我快乐"这件事，
让你这么不高兴，那请你好走不送。

当然，在有些关系里，
我们没办法一下子就这么洒脱，

但我还是鼓励大家，学会关怀自己。

慢慢地，也就能攒够力量，
去选择、靠近其他滋养型的关系。

也许你依旧会离不开那段坏的关系，
但这至少能让自己开心一点，
再开心一点。

这个过程很长，

但只要迈出第一步，理直气壮地
把自己放在第一位，

久而久之，你会习惯积极的体验，
也更愿意花时间去觉察自己的情绪，
尊重自己的需求。

你就会发现自己越来越有魅力，
关系也越来越清爽。

美国休斯敦大学有一项心理学研究证明：

亲密关系中，更多的自我决定（self-determination），会带来更少的负面情绪和更多的积极行为，提升关系的整体幸福感。

而所谓的自我决定，其实就是漫画里说的——

坚持发出自己的声音，坚持优先看见、尊重和照顾自己的感受。

曾在我们公众号的留言区，看到一条暖心的评论。

读者说她在领证前一天问老公，觉得她还有哪些需要改变的地方。

老公提醒她说："对自己更好一点。"

那么，同样地，我也想提醒看到这里的你：

无论进入哪段关系，都记得挺直腰板，稳稳地把自己放在第一位。

不知道你有没有经历过这种困惑：

明明有的关系，在旁人看起来还不错，但你就是感觉很不舒服。

读者萧潇就有这样的经历。

她和闺蜜 C 从小一起长大，有着一段将近 20 年的友谊，

但只要和 C 待在一起，她就会觉得自己很差劲。

比如，C 常常会旁若无人地指出她的毛病——

你那么胖，不要点太多糖的。

你这没胸没屁股的，不太适合。

你看你毛孔这么大，还爱长痘，怎么不懂得好好打理一下自己？

又比如，C 很爱和她比惨。

每一次 C 找她聊天，她都会认真倾听，但当她找 C 诉苦时，对方的反应都是：

你那点小伤小痛算什么啊？我可是做过手术的……

还说你呢！我家那位最近也不让我省心，昨天我们还大吵了一架。

是吗？哎，我跟你讲，我当时可比你惨多了！

也许 C 是想用同样的遭遇来安慰她，但几乎是每一次，都会变成 C 一个人的话题。

这让萧潇觉得，C 并不关心她发生了什么，在她面前，自己一点儿都不重要。

C 有时还会单方面和她冷战，并让她很有负罪感，觉得自己是个坏人。

上个月她和 C 约定去做水疗，结果路上堵车，迟到了半小时，

C 指责她没时间观念，一整个下午都不理她。

直到晚上她道歉了好几遍，C 阴沉的脸色才有些缓和。

都怪你，毁了我一天的心情！

虽然最后又和好如初，但她心里很不是滋味，因为每一次闹矛盾，她都得先道歉，

而且就算她道过歉，C 还是会在她们下次吵架时重翻旧账。

你忘了上次就是因为你迟到……

每一次，别人说羡慕她们能做这么久的朋友时，

人生能有多少个十年，真羡慕你们这样的友情，要好好珍惜啊。

她的内心都五味杂陈。

一方面，她感觉 C 说的话似乎也没错……

她话糙理不糙啊，我确实有很多问题要改。

唉，她也是为了安慰我，我不该跟她计较太多。

反正总要有个人道歉嘛，自己迁就一下算了。

另一方面，她心里又隐隐有些不舒服，明明和别人一起的时候不会这样。

那些不痛快的瞬间，就好像行走时掉进鞋子里的沙砾，

别人看不见，还觉得很正常，但她就是硌得慌。

今天我想告诉大家，如果你和萧潇一样，在一段关系里长期遭受到这样的压力，

那么你要警惕了：这可能不是一段好的关系。

什么是好的关系呢？
外界总是存在着各种各样的标准，
来帮我们判断一段关系的好坏，

但是啊，我们却常常忘了问一问自己的内心：
在这段关系里，我感觉怎么样？

曾奇峰老师曾经这样形容"真正的爱情"：

我见到你之后，我觉得我很好，所以我爱上你了。

容我延伸一下，其他关系也可以这样类比，
不论友情、亲情，还是职场关系。

可能有的父母，没办法给你很好的
物质支持，但是你在他们面前，却总
是能感受到温暖，也时常觉得自己
很好。

可能有的伴侣，没办法时时刻刻给予陪伴，
但是在他面前，你觉得自己会"发光"，
哪怕两个人什么都不做，也会觉得很自在。

可能有的上司，平时会比较严厉，
但跟着他在职场里学习时，
你总能发现自己身上的闪光点。

也就是说，在对方面前，如果你感觉
自己很好，甚至比以前更喜欢自己，

那么这段关系就已经弥足珍贵。

如果你在某段关系里，总是来回审视
自己，觉得自己很糟糕，那么这大概
率是一段"有毒"的关系。

朋友小欧在与父母的关系里，
也曾感到很困惑。

她家境优渥，从小到大，无论想要什么，
父母二话不说就给，

他们也一直对她关爱有加。

身边的朋友都很羡慕，但她却总跟我诉苦。

其实我在家里过得
并不开心。

原来，她的父母对她有很强的
掌控欲，小时候翻她的日记，
长大了又干涉她交男朋友。

每次和他们单独相处，我都会
觉得很不自在，感觉我的一举
一动都被他们监视着。

137

小欧其实试过反抗，但每次都会很愧疚，觉得爸妈对自己这么好了，她不该这样挑剔。

她很纠结，想让我支支招。

你可以试着回忆一下，和你爸妈相处时，有哪些时刻觉得自己很好，又有哪些时刻觉得自己很差劲？

回忆的过程里，她发现，那些自我感觉良好的时刻并不多，

但却有无数个时刻，让她觉得自己很糟糕。

你们为什么要偷看我的日记……

你怎么不乖不听话了？居然瞒着爸爸妈妈有小秘密。

她意识到，这段边界不清的关系已经让她如此痛苦，是时候及时止损了。

所以后来，虽然她没法马上让父母建立边界意识，

但她不会再因为"反抗"而感到抱歉，也逐渐有了底气。

我觉得那个男孩挺好的，你们别老是干涉我交朋友。

看到这里的你，如果正受困于某段关系，也可以问问自己：

在这个人面前，我有过多少"觉得自己不错"的瞬间？

想清楚这个问题，我想，你的心里就会浮现出答案。

我很喜欢咨询师@栾晶老师的一句话：

"请在任何时候都相信，
你的感受是真的，
尽管感受的依据未必是真的。"

萧潇

慢慢老师，我该怎么做才好啊？

慢慢

在这段关系里，你感受到的难堪和无力，这些都是真实的。

慢慢

但这些感受的来源——

慢慢

比如你觉得是自己不够好，不自律，她才要督促你；

慢慢

或者你觉得是因为自己不重要，她才会忽略你——

慢慢

这些她传递给你的信息，都未必是真的。

慢慢

你只需要看到真实的部分——"你感觉自己很不好"，然后听从内心的选择。

139

舒服的关系可以留下，
不舒服的关系，可以尝试沟通和解决，
但没必要勉强和委屈自己，去苦苦维持。

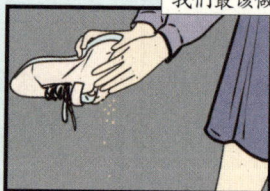

就像鞋子进了沙，
我们最该做的是倒掉沙子，

要不然，膈应的还是我们自己。

在曾奇峰老师的一次咨询解析课上，有学生聊到一个两性关系里普遍存在的困惑。

"什么样的爱情，才是最好的？"

看到这里，也许你会列出各种标准，比如性格契合，比如聊天很投机，比如双方能互相成就。

但曾老师的回答却很妙，他说：

"在亲密关系中间，我们要做的非常重要的一件事情就是照镜子。

"好的亲密关系，就是在你面前，我觉得我很好，我很可爱。"

在我看来，这个道理，同样可以扩展到其他的关系里。

无论是亲情、友情，还是最普通的关系，要判断它们好还是坏，比起去看对方怎么样，或是听取外界的声音，不如问一问自己：

我在这个人面前，有没有觉得自己很好？

想清楚这件事，我们也许就能在让自己困惑的关系谜题里，找到思路。

快要结婚的表妹,这两天又跟男朋友吵架闹分手了。

让他争取晋升的机会,总是犹犹豫豫的,怎么老是改不了这个毛病呢?

不够上进吗?

对啊,都要结婚的人了还这么不成熟。

不应该上进一点,想办法多赚点钱吗?

表妹这个男朋友,什么都好,就是比较佛系,不够上进。

表妹费尽心思"调教"了4年,对方还是表现平平。

男人得在事业上有野心啊，可偏偏他总是不争不抢的，急死我了！

既然你这么在意，为什么不分开呢？

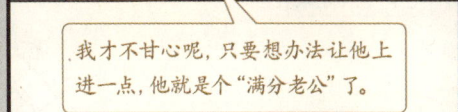

我才不甘心呢，只要想办法让他上进一点，他就是个"满分老公"了。

表妹之所以生气，是因为男友不符合"应该有的"样子。

其实，不少来访者也经常跟我诉说这样的苦恼。

同事之间不应该和睦相处吗？为什么她对我这么有敌意？

我花这么多钱给孩子请家教，他不应该好好做作业吗？

结婚了不应该以家庭为重吗？老公还三天两头约朋友聚会，气死我了！

他们的苦恼，都来源于同一种思维方式。

应该思维

头脑中已有一套规则，试图让世界和他人都按照这套规则运转。

"应该思维"一旦上了头，

人很容易陷入理想和现实的冲突里，感到焦虑、沮丧、怨恨甚至愤怒。

143

比如我表妹，平时和男友恩恩
爱爱，但一想到他不符合"男
人应该上进"这个规则，

她就忍不住去说他，想把他
捏成"应该有的"样子。

比如我表妹，当我问她：

"你男友也不算懒散，为什么你
一定要他更上进、更优秀呢？"

可对方不是橡皮泥啊，并不乐意配合，
她便一次次陷入焦虑和愤怒中。

她不假思索地回答："因为我
也是这样要求自己的啊！"

"我也是这样要求自己的。"

其实，很多时候，当我们迫切想
要改造对方，问题不是出在对方
身上，而是出在我们自己身上。

这句话，一下子揭开了"改造别人"
背后的真相。

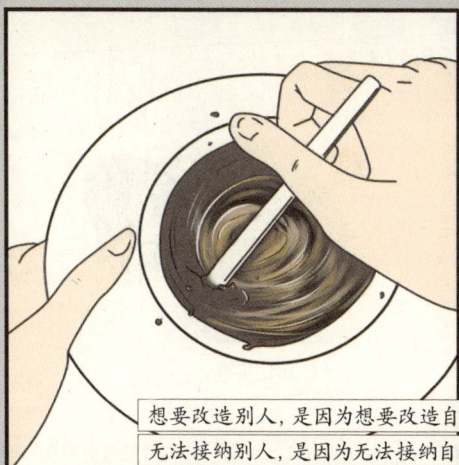

想要改造别人,是因为想要改造自己;
无法接纳别人,是因为无法接纳自己。

表妹从小家教很严,
考不到第一,会被爸妈冷落;
拿不到奖,会被爸妈惩罚。

这次怎么才 98 分?

别人能拿第一,
你为什么不能?

放假也不能松懈的……

别人能拿第一,
你为什么不能?

不许看电视!

对你严格要求也是为你好,优胜
劣汰懂吗?你不够优秀怎么能在
这个社会好好生存?

所以,她从不敢偷懒,从不敢休息,
一直狂奔在"变得更好"的路上。

她的心里,生长出一个"应该自我",
每天督促自己:我应该不怕累!我
应该更努力!我应该当第一!

机器也有罢工的时候，
更何况人呢？

她也会失败受挫，也会有做不到
的时候，每次被"应该自我"逼到
角落，焦虑得不行时……

她只能把焦虑泛化，
投射到身边亲近的人身上，

比如，朝夕相处的伴侣。

希望通过鞭策对方，把对方改造
成自己想成为的样子，来缓解自己
的焦虑，找回一些掌控感。

发现没有，很多时候，
我们用"应该思维"去评价和改造别人，

是因为我们心里藏着一个被"应该自我"
要求着的、焦虑得不行的真实自我。

可是，改造别人，就能让自己不再焦虑吗？
很遗憾，不仅不能，还会带来不少痛苦。

前阵子表姐怀孕了，为了照顾她，姑姑
搬过去和他们小两口一起生活，本来
和睦的家庭关系，开始有了矛盾。

表姐夫是重庆人，从小无辣不欢，可是姑姑不让他吃；

他平时喜欢小酌两杯，姑姑也不让他喝；

他有时会熬夜看电影，姑姑每次都黑着脸催他去睡觉。

别看了，快去睡觉！

您别管我了，行吗？

表姐夫实在受不了这种毫无边界的"关心"，一来二去，家里的关系闹得有点僵。

我不让他吃辣喝酒，不都是为了他身体好吗？

你看他工作那么忙，有这个时间看电视，为什么不多睡点觉？

要不是把他当亲儿子看，我还不管他呢！

他这么不领情，哪有把我当妈？！

她多次找我支招，想让表姐夫听话一点，我表示无能为力。

吃辣上火，你怎么不听话？

可姑姑一直盯着现实与"应该"的裂痕，认为只有"改造女婿"才能填补。

作为长辈，期望孩子用她认为对的方式生活，这没有什么不合理的，

可是"期望"≠"应该"。

结果不仅把家庭关系搞僵了，自己也时刻饱受折磨，沉浸在失望中。

我曾经听过一句话：当你对世界，对他人，包括对自己，都没有改造欲望，才算真正的"觉醒"。

其实，表姐夫虽没有那么"听话"，却也克制礼貌，彼此保持边界，相安无事也挺好的。

可能有人会觉得困惑,

不改造别人,我改造自己,

让自己变得更好不行吗?

我们当然可以追求更好的自己,

但前提是,要先搞清楚,"更好"

的标准来自哪里——

是来自外界的设定,还是来自我们的内心?

就像我的表妹,

她一直在"变得更好"的路上狂奔,

步履不停。

直到有一次抱病出差,情绪崩溃了,

忍不住找我哭诉:

"我感觉,我把爸妈鞭策我的鞭子

接过来了,继续抽打在自己身上。"

以前,爸妈鞭策她,

要求她成为最优秀的那一个,

后来,她也一直这么鞭策自己,

却从来没有想过,这样的鞭策,

是爸妈的要求、世俗的标准,

还是她自己真正想要的?

我们常常困在"应该思维"的牢笼里，横冲直撞，试图找到一个舒服的位置。

我想说的是，这个牢笼只存在于我们的想象里，真实的世界，从来没有"应该"的样子。

当你看清自己的真实需求，不再要求自己应该做什么，应该成为什么样的人，你自然也就不再偏执于改造别人。

妈，老师给我的作文打了 58 分，说作文不应该那样写，呜呜呜呜呜……

我看看……小航写出了自己的心声，这很好呀。不过可以用一个更有趣的写法哦！

对，让你小姨教教你！

当你如我所是地爱自己，自然也能如其所是地爱别人。

在人际关系里，不少人常常会陷入"改造对方"的执念。

尽管这么做的结果，常常是对方反抗、关系被破坏，但很多人还是忍不住。

为什么呢？曾有研究表明：

人们会通过提出要求或设立目标，并让自己或身边亲近的人实现这些要求或目标，来获得一种对生活及周遭环境的控制感。

而我们之所以需要这种控制感，其根源是：我们对自己"失控"了。

我们对自己有一套"应该思维"，觉得自己应该这么说话，应该这么做事，应该如理想中那样。

而"理想"和"现实"总有差距，这个差距，会让我们陷入失控的焦虑。

讲到这里，或许你已经明白：

只有放下"应该"的条条框框，开始询问自己真实的感觉，我们才能找回对生活的控制感，而无须再苦苦改造他人。

刚刚去买咖啡的时候，
排在前面的女孩不小心下错单了，

我提醒她可以让店员修改，
她却迟迟不敢开口。

拜托店员修改一下
也没什么呀。

那个能不能……

唉，算了，说不定
咖啡已经在做了，
不改了，免得麻
烦人家。

明明是很小的一件事，她却陷入了纠结，

似乎对"麻烦别人"这个举动，
有着强烈的不安。

确实，在这个自我意识越来越强
的时代，"麻烦"并不是一个受欢
迎的词儿，"独立"才是。

爸妈又催婚了，我好累……

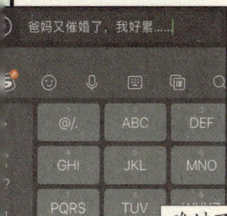

难过了，我们很少找旁人倾诉，
怕打扰对方；

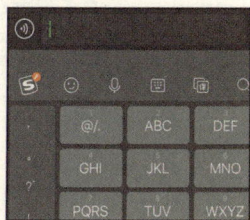

遇到困难，我们宁愿一个人硬着头皮扛，
也不愿向人求助；

即使有人主动伸出援手，
我们也会下意识拒绝，生怕欠下人情。

可是，有时候我也在想：

这样"反依赖、反麻烦"的相处，
真的是因为我们渴望独立吗？

不瞒你说，我曾经就是这样的"独立女性"。

刚开始和老赵谈恋爱那会儿，
我一直坚持和他平摊家务。

换灯泡、修电视的活儿
都自己上，不麻烦他。

一起生活的开销也是 AA 制，

老赵给我买了礼物，我一定会买一份给他送回去。

晚饭饭钱
微信红包

周围的人，都羡慕他找了个这么独立的女朋友，我也一直觉得，亲密关系就应该保持界限，互不麻烦。

直到有一段时间，我辞职在家进修备考，没有了收入来源，

辞呈

比起考试的压力，"被老赵养着"这件事，更让我不安。

一开始，我会认真收拾屋子、洗衣做饭，努力去"回报"他。

后来，我实在受不了了，提出要重新找份工作赚点钱。

你不打算好好备考了吗？

打算啊，但我也不可以这么赖着花你的钱呀……

为什么不可以呢？我愿意啊。

可是我不愿意，我不舒服！

154

为什么不舒服……你是不是一直把我当外人，没当男朋友？

你是男朋友，但我也不想欠你人情啊！

我的回答，让老赵生了好大的气，两三天没理我。

我不知所措，只好去找我的咨询师。咨询师听完我的描述，问了我一些问题：

当你向他求助或者他对你好的时候，你感受到了什么？

压力。

来自什么的压力呢？

觉得我亏欠他，不知道该怎么还他，什么时候还得清。

细细回忆一下，在这段关系中，我总是一副"我自己都可以搞定"的模样，其实，我也有很多很多"搞不定"的时刻。

但是，一旦想要开口去麻烦他、求助于他，我就会产生强烈的负担感。

要不要叫老赵来接我呢？

一旦他主动照顾我、对我好，我心里又会生出一股浓浓的亏欠感。

你来啦？哎，其实不用来接我的，你看你自己也淋湿了。

在咨询的过程中，我想起了从小到大，父母对我的"亏欠式教育"。

妈妈舍不得吃，专门留给你，你长大了不能忘哦。

为了送你去考场，爸爸今天起了个大早，你要是考不好可就对不起我了。

家里花了这么多钱供你上学，你什么时候才能回报父母？

为了回报父母，我铆足了劲儿努力，从大学开始，就不跟家里拿一分钱，一边上学一边做着两份兼职，养活自己。

对家里人和朋友，从来都是"报喜不报忧"，遇到难事儿，宁愿自己硬扛，也不想让他们替我担心。

妈，我没事，就是小咳嗽而已，很快就好了。

表面上看，我越来越独立了，可是在与父母的关系里，我却依旧忐忑，没有底气。

因为这样的教育和互动，让我渐渐相信：

我得不到无条件的爱。

旁人对我任何的善待，都是有"附加条件"的，是需要偿还的。

我得到的帮助越多，压在我身上的"麻烦债"就越重，我就越想逃。

我想，不少人有过跟我一样的想法吧？

曾经我们发过一篇文章，讨论了"麻烦别人"在关系中的重要作用，有一条高赞评论是这样说的：

Jony 👍 888

不想麻烦别人，其实还暗含着：你们最好别来麻烦我。

这位读者，以及默默点赞的大家，或许也正在承受着我当时承受过的压力吧？

害怕亏欠，所以独立。

这种独立，

是因为没有体会过关系带来的美好，不敢渴望旁人的善待和支持，才被迫生长出来的"假性独立"。

就像武志红老师说的：

很多人怕麻烦别人，难以生发出对关系的渴望，势必会退到孤独中。

可是，人类毕竟是社会性的生物，与他人、与世界的联结，对我们来说尤为重要。

比起无人可依的孤独，我们真正需要的，其实是有所依赖的独立。

如果你也和我一样，觉察到自己对依赖的需求却又压抑不住那种"亏欠感"，或许，你可以试试以下的小方法：

1.
观察一下，你身边是否有一些人对你好，不要求你回报。

我不可以这么赖着花你的钱呀……

为什么不可以？我愿意啊。

2.
静下心来问问自己：
我是不是也有很多愿意真心善待别人的时刻？

如果答案是肯定的，那你也可以去相信，总会有人愿意这样善待你，每一个人，都值得无条件被爱。

3.
最后，试着在这种互相善待的关系里，去互相需要，互相满足。

老公，今晚你帮弗洛伊德洗澡，好不好？

可是我还要做饭洗碗哎……

麻烦你啦，今天用脑过度想放空一下！一会儿你忙完，我给你捏捏肩吧？

好吧好吧。

讲到这里，我想起演员袁咏仪
曾因为"经济独立"上过热搜，

当主持人问到她家里的"财政"问题时，
她非常大方地回答：

> 但我就是非常独立的，独立到
> 很少用自己的钱。

言下之意，她经常花的是丈夫赚的钱。
我一下子被这种坦然的态度击中了。

原来，舒舒服服花老公的钱，并不等于
亏欠他；大大方方依赖老公，并不表示
自己不独立。

确实，独立照顾好自己，
是成年人必备的技能，

但我们是不是常常忽视了，

能坦然接受别人的好，大大方
方地去依赖，也是一种必需且
珍贵的能力？

近年来，"独立"几乎成为一种潮流，我们鼓励女性独立，教育孩子独立，建立人际关系里的各种边界，自己解决自己的课题。

独立，确实是我们必须具备的品质。但我们很多时候，都处在"假性独立"的状态：我们独立，是因为觉得他人不可靠，自己不会被爱，才需要独自去扛下一切。

我们的独立，总带着点"不得不"的味道。究其原因，这可能跟早年的依恋关系缺失有关。

英国著名的精神分析学家约翰·鲍尔比在他的依恋理论里面提到：当儿童的照料者表现出冷漠和拒绝，这个儿童就会认为，自己是不值得被爱且他人是不可靠的。长大之后，他也就可能变得"假性独立"。

如果你发现自己正处在这样强撑的状态中，很不舒服、想有一些调整的话，试着正视自己对他人的需求吧。

我们是独立的个体，也需要和世界的联结。我们需要爱，需要依赖，需要被看见，需要被放在心上。

表达出这种需要，我们离真正的独立，就近了一步。

前几天看到一个热搜,
是复旦大学的梁永安教授关于
情感问题的分享:

其实在爱情问题上有很多误区

其中一个误区呢

希望爱情能解决自己人生的问题

我很认同梁教授的观点。
很多时候,我们有意无意地会陷
入这个误区,带着这样的疑问去
挑选和审视伴侣。

和这个人交往,
对我有什么用?

进入这段关系,
能帮我解决什么问题?

她家能帮我解决户口问题，要不要选她呢？

嫁一个有钱的老公，就没人看不起我了。

我太孤独了，谈个恋爱会不会好点？

我太缺爱，应该找一个爱我多一点的。

确实，在亲密关系里，每个人都会有需求，都期待对方能满足自己。

但我想郑重地提醒大家，当我们身上有一个难解的问题，有一个巨大的缺口时，最好不要在伴侣身上找答案和弥补。

在我看来，这样的感情观是非常吃力不讨好的。

原因有两个。第一，

在一段"解决问题式"的关系里，为了得到那个答案，我们可能要忍受其他的不适。

我有一个朋友 A，从小生活在一个
"重男轻女"的家庭，她最匮乏的，
就是爸妈的重视和认可。

我儿子真棒！

为了弥补这个缺口，
她和情投意合的前任分了手，
和爸妈安排的相亲对象结婚了。

你喜欢他吗？

谈不上喜不喜欢。

毕竟和他在一起，我爸妈
就不会再嫌我没用了，我
在家里也有了话语权。

选择这个伴侣，
确实让她得到了爸妈的肯定，

可与此同时，她也在这段
关系里牺牲了很多。

老公和她没有共同的话题和兴趣——

一会儿吃完饭去看电影
吧？新上的那部悬疑片，
听说很好看。

你一个女孩子家怎么爱
看这些？我答应了兄弟
一会儿去喝酒呢。

有很多让她难以忍受的生活习惯——

还有她最不喜欢的"大男子主义"——

生完孩子，你还是不要
去上班了吧。

甚至还会动手打人——

这段关系，看似填补了她的人生缺口，
却也成了她的枷锁：

有没有考虑和他分开?

不行啊, 离了婚大家都会笑话我, 爸妈一定会把我当成累赘吧。

压抑了她的真实喜好, 把她困在一种不舒服的感受里, 苦苦煎熬。

其实, 仔细想想, 我们自己的人生难题, 真的依靠一段亲密关系就能得到解决吗?

这是我想分享的第二点——

他人和关系, 都无法解决我们自己的人生难题。

我有一个来访者, 是一个单亲爸爸,

他跟我说, 自己和妻子一直都很恩爱, 本以为两人可以白头到老……

没想到，妻子却突然跟他提出离婚。

老师，我觉得我们一直很恩爱啊，没想到连她也会离开我、抛弃我……

在后来的咨询过程中，我才慢慢了解到，他曾经是一个留守儿童，爸妈一年只能陪他十几天。

一开始，
妻子还能体谅他内心的缺失，
满足他的需求，

久而久之，也渐渐受不了这种
"不能离开老公视线"的相处方式。

老公，我要去上海出差两天，明早的飞机。

去这么久，那我怎么办啊？
为什么一定要你去，找别的同事去不行吗？

这是工作啊，哪有的商量。

当她发现，
老公把以前的情感缺失
全部压在自己身上，把自
己当成"救命稻草"时，

她终于扛不住压力，
逃离了这段关系。

对不起，我尽力了，真的给不了你想要的。

网上有一句话说：
我是来爱你的，不是来救你的。

听起来有点冷漠，但不无道理。

除了我们自己，
没有哪一个人、哪一段关系能
解决我们的人生难题。

带着"解决问题"的执念进入关系，
反而可能把我们自己卷进新的困境。
无论是朋友 A，还是这位来访者，
很多人都会把亲密关系当成一种补偿——

我本身不够好，需要用亲密关系来弥补。

但我想说的是，为了得到那一点弥补，
我们可能会过分要求对方，

也可能会过分降低自己的底线，
委屈自己的感受。

这样"寻找弥补"的状态，反而容易
吸引来不太健康的关系。

当然，我们都期待能拥有一个好的伴侣，
想用亲密关系来治愈自己，
但前提是，我们自己也能解决问题，
自己也能满足自己。

害怕自己没钱，那就好好努力去赚钱；

发觉自己缺爱，可以学着多爱自己一点。

去读书上课、去旅行散心、去咨询疗愈，
去做一切能拯救自己的事。

我知道这并不容易，但这也非常值得，
就像武志红老师说的：

不要将你的人生答案、
你的幸与不幸都归结到对方身上，

而是要归结到另一个点——
你的内心。

当我们内心处于一个相对饱满、相对
完整的状态时，我们外在的各种关系，
才能变得更加亲密、健康、持久。

面对"亲密关系"这个课题，我发现，大家常常会有两种困惑：

一种是，我们和伴侣相处得并不愉快，却常常因为这段关系"有用"，所以委屈自己，苦苦维持，无法自主地结束关系。

另一种是，一旦我们发现亲密关系无法解决自己的问题，就会感到痛苦和不满，进而频繁更换伴侣，频繁产生离开对方的念头。

有这样的困惑，是因为我们希望依靠亲密关系，来解决自身无法解决的问题，来填补自己身上巨大的缺口。

但我不建议大家这么做。

因为当我们本身有所缺少时，就很容易被捕捉、被诱惑，但却难以和对方产生深度链接。

所以，当我们觉察到自己处在一个"缺少"的状态时，要试着去培养"这是我自己的课题"的意识。

这很难，但我们可以慢慢来，慢慢积攒自己的力量，去解决自己的问题。

PART 4 亲子关系

前段时间，收到一位小读者的留言。

慢慢老师，每次跟我爸爸说话，都会让我觉得很难受……

爸，我喜欢画画，我给你画一张吧？

好啊，你给我画个100分。

可是，我想要画人。

那你就画你自己，拿着一张100分的考卷。

你要什么样子的呢？

无所谓，重点突出100分。

看到这条留言时，我很想抱抱这个孩子，才短短几句对话，我就一下子理解了她说的那种"难受"。

那种难受，是因为"不被听见"。

她在讲"画画"，爸爸在讲"100分"。

她努力尝试，想跟爸爸聊聊自己的爱好，

爸爸却好像什么也听不到，
忙着表达自己的期待和要求。

遗憾的是，在很多家庭里，

爸妈不愿倾听孩子说话，
真的是一个普遍存在的现象。

我看过一个综艺节目，节目组让孩子
走上天台，把憋在心里的真心话告诉
台下的爸妈。

不得不说，那简直就是大型
的"爸妈不听话"现场。

其中有一对母女的对话，让我印象深刻，

因为那位妈妈给女儿的反馈，
就是很多家庭里亲子交流的典型。

为什么我的努力
你从来看不到

第一种是"选择性倾听"。

女儿希望妈妈不要
只夸"别人家的孩子"——

妈妈
孩子不是只有别人家的好
你自己的孩子也很努力
为什么你不看一下

妈妈却选择性地只听到两个字——努力，
并就此展开了一轮说教。

1.培养好的学习习惯
2.掌握好的学习方法
光有努力是不够的

她完全听不见孩子想要传递的情感：
妈妈，我需要你看见我，我想得到你的肯定。

第二种是"结论性倾听"。

女儿希望妈妈
少一点打击自己——

我说了我不适合激将法
你们老是在这里打击我
我就一定会觉得自己很差

妈妈对女儿的情绪不管不顾，
反而开始给女儿贴标签。

我知道我一直在不断地打击你
因为我认为以你的性格
如果不打击一下你
你可能就
有点飘

女儿张了张嘴，还想说什么，
但最后还是选择闭嘴，哭着跑下台了。

不得不说，这种"倾听"真的太令人窒息了。

我有个朋友，现在都 32 岁了，
爸妈还是不愿意听他说完一句话。

比如最近，爸妈总是催他和媳妇生孩子，

他跟爸妈坦陈了自己目前的难处，
也讲了自己养孩子的规划。

爸妈，我和阿文都在事业上升期，
都经常加班，还要出差……

暂时不想生孩子，
过几年再考虑吧。

结果，爸妈只听到"不想生"三个字，
把他训了一下午，

结论就是，他是个不考虑爸妈，
也不会经营家庭的"自私鬼"。

别人能生，你们就不能生？
你那些都是借口，我是你爸，
还不知道你？

你就是太自私了！只顾
着自己快活，怕生了孩
子耽误你们玩乐吧？

最后，他们又一次不欢而散。

不说了，我说再多你们也听不进去。

武志红老师说得很对：
没有回应，家也是绝境——

尤其是对于孩子来说。

孩子对这个世界最初的看法，都是由父母来建立的，

而孩子的心，又比大人要敏感得多。

当他们向爸妈倾诉，却遭到反驳、忽视甚至惩罚时，他们感受到的，是一种强烈的情感忽视。

中科院心理研究所曾经对 1511 名儿童做了一个问卷调查，结果发现：

在"身体虐待""情感虐待""性虐待"和"忽视"这四大暴力行为中，

"忽视"导致儿童抑郁、焦虑的可能性最大。

因为这种"忽视"正在告诉孩子：
没人在乎你，你并不重要。

我曾经有一个来访者，是一位刚上大学的
学生，被中度抑郁症困扰，

却从不曾向家人求助，

直到有一次，我们聊到"写日记"，
她才第一次提起自己的爸妈。

我爸妈喜欢偷看
我的日记。

她说，初中的时候，爸妈生下了弟弟，
愿意听她讲话的时间越来越少，
给她的爱也越来越少。

爸妈，我没有抢他
零食，我真没有！

你这么大个人，怎么不
知道让着弟弟呢？太
不懂事了！

她只能把这些不满通通写进日记本里，
却不料，日记被爸妈看到了。

不过，最令她难过的，
不是爸妈"偷看日记"这个行为，

而是他们看完，
不仅没有听见她的真心话，
反而找她"算账"。

你这写的都是什么？小
小年纪就对家里人这
么多意见！

这么不知道感恩，真
是养了个白眼狼！

从那以后，她再也不写日记，
话说得越来越少。

还有一些孩子，因为不被爸妈"听见"，
长大后，可能也会变成不懂倾听的人。

儿子，妈最近一直在看
这部剧，很好看，把我
感动得不行……

哎，这样的剧太
多了，都是没营
养的苦情剧。

要我说，很多时候，
孩子"不听话"都是源于爸妈"不听话"。

不懂倾听，就这么成为家庭里代际相传的痛。

前面我提到了错误的"倾听方式"，作为父母，我们应该怎么做，才能更好地倾听孩子呢？

我在网上看到，咨询师陈松飞推荐过两个小方法：

一是专注。

当孩子说话时，给孩子足够的关注和时间，不要打断，允许他表达，再适当地给一些积极的回应。

妈，我明天不想穿秋裤去学校了！难看死了！

这可是你自己挑的款式哦，为什么不穿呀，你跟妈妈讲讲？

二是放空。

放下自己原有的"惯性思维"，放下成见，不随便评价孩子，真正听见孩子在讲什么。

男同学笑我，说我这么怕冷，不像男孩子。

那你怎么看呢？也觉得男孩子不能怕冷吗？

我也不知道，但我想试试不穿秋裤冷不冷。

那好，明天就不穿啦，你自己感受一下。

很多时候,父母听不见孩子的情绪和需求,是因为我们总带着"我是对的,我知道的比孩子多"的执念。

放空这一切,我们才能好好听孩子讲话,

好好接纳孩子的情绪,成为孩子的"容器"。

对于孩子来说，他们的情感主要来自外界给他们的回应。

而父母作为孩子世界里的"重要他人"，他们的忽视和敷衍，会让孩子敏锐地感觉到：

原来，我没有那么重要。

久而久之，他们可能会开始攻击自己，压抑自己的想法和需求，陷入一种"存在性焦虑"中。

也有可能，他们会开始被动攻击爸妈，表面顺从听话，实际上偷偷搞砸一些事情，疏离父母，拒绝再和他们沟通。

心理咨询师武志红老师说过：没有回应，家也是绝境。

确实，只有当孩子被允许表达，也得到倾听时，他们才能和世界产生真实的联系，他们的生命力才能伸展开来。

这股生命力，反过来，也能滋养到父母。

每次聊到给孩子多一点接纳和自由，
总会有一些爸妈来问我：

"父母给孩子自由，孩子就能自觉变好吗？"

在回答这个问题之前，我想先
分享一下前两天听到的故事。

一位妈妈在女儿高考前，
为了激励女儿考上理想的大学，
给女儿许下一个承诺——

乖女儿，你要是能考上
重本，妈妈就给你 3 万
块奖励，让你自由支配。

考试成绩出来，女儿确实发挥得很好，
妈妈也按照约定，给了她 3 万块的奖励。

以资鼓励

可是，令这位妈妈生气的是，
女儿竟然要拿这笔钱去买一个名牌包包。

你才多大,就这么奢侈?
简直太过分了!

是你说我有支配权
的啊……

妈妈陷入了纠结,不知道该不该
让女儿留着这笔奖金。

我挺能理解这位妈妈的纠结,

一方面,她想让孩子"自由支配"这笔奖金,
另一方面,她又希望孩子自觉一点,不乱花钱。

在我看来,这种希望孩子用自觉来回报
的自由,其实是一种"伪自由"。

办公室好几个小伙伴,
都被这种"伪自由"坑过。

编辑小路

小时候,有一次跟爸妈去吃酒席……

随便吃! 想吃什么
就吃什么!

可回到家,他们却批评我
不吃菜,光夹肉。

183

下次我再听到"想吃什么就吃什么"这句话，都不知道怎么下筷了。

小助理

我妈也是，每次放学总爱问我——

宝贝，你是想要先写作业，再开开心心玩，还是想先玩，再辛苦写作业呢？

开始几次，我都不假思索选了先玩。

我想先玩！

后来实在受不了我妈失望的眼神，只好识相地先去写作业。

你这孩子，学习太不自觉了！

编辑阿茶

压岁钱也是个坑！我爸说，让我拿去买点喜欢的玩意儿。

184

听到我说要去书店,他还一个劲儿夸我懂事,可看到我挑了两套漫画书,他脸都绿了。

蜡笔小新

这书看了有什么用?我还以为你要买练习册呢。

从此,我对压岁钱失去了兴趣,也不再轻易相信我爸。

每课一练

买这个,这个有用。

不得不说,他们的感受非常真实。

孩子是非常敏感的,面对父母想给又不给的"伪自由",他们会有一种被欺骗的感觉。

大大方方地给你奖金,但你只能买我认为合适的东西;

允许你想吃什么就吃什么，
但你必须饮食均衡；

把"先玩还是先学习"的选择权交给你，
但"先玩"是个错误选项；

鼓励你多读书，但漫画书除外。

亲子间的信任，会一点一点被消耗；
孩子的自主性，也会一点一点被破坏。

不仅仅是孩子，父母也会
因为"伪自由"感到挫败。

前阵子，我的邻居信心满满地说要给
孩子自由，不再催他、盯他做作业。

可是没过多久，她就来找我诉苦。

唉……我家孩子最近的
作业，真是惨不忍睹啊，
老师都批评了好几次了。

那以后多监督
他一下？

我以为不去催他，他就能自觉一点，把作业当成自己的事儿。

没想到，他反而更拖延了，真让我失望！

很多父母都有过类似的感受吧。

当我们期待的"自由"和孩子的"自由"有落差时，我们就会陷入不安和愤怒。

面对这种拧巴的困境，有没有更好的解决办法呢？我的建议是：

1.
父母放宽心，给孩子真正的自由。

"伪自由"是希望孩子如我所愿，而真正的自由，是让孩子如他所愿。

就像前面提到的情况，父母既然答应了孩子，那就允许孩子不爱吃菜、爱看漫画书、拿奖金买 LV 包。

当然，这是非常考验父母的一个做法。

同样身为父母，我能理解这种"让孩子自由生长"带来的不安。

如果我们无法给出"真自由"，也可以尝试第二种做法——

2.
真诚地跟孩子沟通。
理解孩子的"不自觉"，
也理解自己的"做不到"。

听到孩子想买 LV 包，真诚地告诉孩子，妈妈在担心什么，

也去理解她的喜好和需求，不要一开口就骂孩子虚荣。

我记得，小航去年生日，老赵早早就"夸下海口"——

儿子，今年的生日，你想怎么过就怎么过！

真的吗？太酷了！

所以，小航也彻底地"自由"了一回。

我爸说生日我最大，想怎么过就怎么过。

我家有好多气球和蛋糕，大家都来玩！

小航班上有 60 个同学，我们家根本容不下这么多人……

而且每人都要 2 个气球、1 个蛋糕。

为了不失信于孩子，我和老赵只能硬着头皮上，

咬咬牙租了一间小别墅，一家三口打气球打到半夜。

我以为他就要个机器人、去趟游乐园呢！

没想到这小子这么好面子，全班同学都叫来……

别这么评价孩子，这可是你让他自由安排的，

下次你得实诚点，少夸海口！

过完这个"盛大"的生日，我们仨以"以后生日怎么过"为话题，开了一个家庭讨论会。

老赵对小航的生日愿望，进行了一些明确的限制；我也表示，不想再打气球了。

最后，小航理解我们的局限，欣然接受了。

其实啊，世界上不存在永远"一条心"的父母和孩子，我们总是会有分歧和冲突。

但我相信，在互相了解、彼此尊重的基础上，我们的亲子关系，一定会舒服很多。

很多育儿书和亲子课程，都会提倡父母多给孩子"自由"。但我发现，很多爸妈在实践的时候，常常有点"口是心非"：

　　我不想强制你，我给你自由；但我又希望你跟我一条心，自觉地如我所愿。

　　其实，就像心理咨询师李松蔚老师讲的：爸妈不强制孩子，但希望孩子自觉主动起来，本就是一个悖论。

　　孩子自觉，就是听从孩子自己的心声。我们怎么可能要求孩子在听从自己的基础上，又听从父母呢？孩子是做不到的。我们要接受这一点。

　　当然，身为父母，我们也有很多"做不到"：做不到不管孩子作业、做不到允许孩子乱花钱，做不到心平气和地看孩子打游戏……这些"做不到"也很正常，试着去坦然接受就行。

　　在理解孩子，也理解自己的基础上，父母和孩子才能真诚地沟通，满足彼此的需求。

03 "你选爸爸还是选妈妈？"
孩子应该是父母的和事佬吗

大家好，我是慢慢。

嗯嗯。

刚刚碰到一对父子，正在买汽水。

你看老爸多好，不像你妈，从来不让你吃薯条喝汽水。

老实说，这一幕让我不太舒服，买汽水就买汽水，拉拢孩子干什么呢？

可遗憾的是，"拉拢孩子"这件事在很多家庭里，都普遍存在。

平日里，不少爸妈习惯拉拢孩子。

你爸那个家伙成天只知道忙，根本不愿意陪你，只有妈妈带你去玩。

吵架了，爸妈也希望孩子跟自己"站在一边"……

爸，你别这样……

你这孩子，怎么帮你妈说话？！

就连和孩子开玩笑，都要问他——

要是爸妈离婚，你跟爸爸还是跟妈妈？

或许，有些爸妈会把这种"拉拢"当成亲密，但在我看来，

问孩子"你选我还是选爸爸／妈妈"，是家庭里最糟糕的互动之一。

陈海贤老师提出过一个概念：夹心人。

在一段关系里，如果一个人长期夹在中间，成为另外两个人解决矛盾的工具，那他就是这段关系里的"夹心人"。

而如果，这个"夹心人"刚好是家庭关系里最弱小的孩子，那孩子很可能会陷入深深的困扰中。

我有一个来访者跟我说，她就是爸妈之间的"夹心人"。

从小到大，爸妈每次吵架，她不仅要夹在两人间劝和，还要负责"善后"：爸妈都会找她讲对方的坏话。

你爸根本不在乎这个家！

你妈才是坏人！

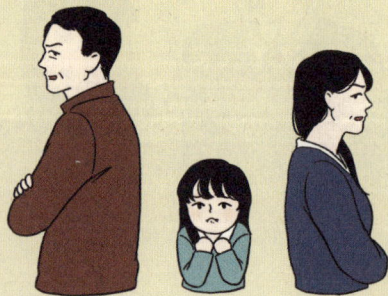

尤其是妈妈，每次爸爸不在场，
她就会找女儿"倾诉"：

小到爸爸的小毛病，

你爸每晚都打呼，吵死了，
害我天天睡不好。

大到他俩婚姻里的矛盾。

你爸总是跟狐朋狗
友鬼混，都不着家，
我嫁给他干吗？

每次，她手足无措地安慰妈妈，
妈妈都会跟她说——

妈妈你别难过了，
有我在呢。

乖女儿，妈妈只有你啊，这个
家里只有你理解妈妈。

就这样，小小年纪的她，
渐渐成了妈妈最忠心的"同盟"。

她跟妈妈站在一边，
不跟爸爸讲话，也不跟爸爸接近。

他们在吵架时，她会挡在中间，
怒视爸爸，保护妈妈。

你不许这样说我妈！

甚至于，她很少喊他"爸爸"，
而是学着妈妈的语气，
称他为"那个老男人"。

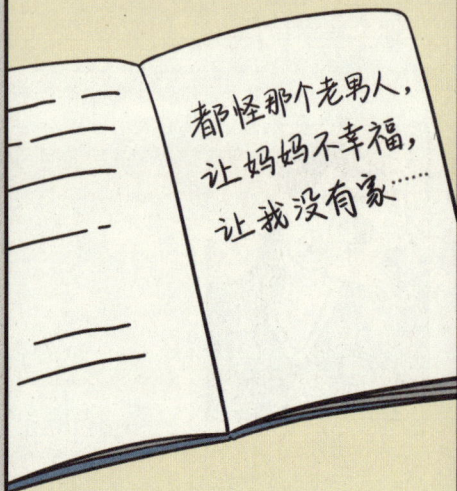

都怪那个老男人，
让妈妈不幸福，
让我没有家……

爸爸对此非常失望，也试图拉拢她。

唉……你懂什么啊，
居然和你妈一起孤
立爸爸？

其实，看到爸爸难受，
她心里也不是滋味，

但作为一个孩子，她没有足够的
能力去判断爸妈谁对谁错，

她只能选择站其中一边，
去减少"被拉扯"的痛感。

可这也意味着，她注定要
承受爸爸的失望，

我白养你了！

也渐渐压抑住自己对爸爸的感情，
对父爱产生了"防御性隔离"。

或许，爸爸也是
爱我的吧？

即使爸爸对她好，她也不敢接受，
好像接受了，就是背叛了妈妈。

我不爱吃这个。

197

而且，越长大她越觉得，"妈妈的同盟"这个身份，一直缚着她。

她的工资，要交给妈妈保管；

你爸太小气了，我多花200块买件衣服，他都要说我

> ￥ 10000
> 转账给妈妈

微信转账

她的假期，要用来陪伴妈妈；

你要是不回家，妈妈跟那个老男人吵架了怎么办？

哪怕她有了自己的小家庭，也要留一间房给妈妈。

我女儿出息了，我再也不用跟那个老男人住一起，受他气了。

无论她读了多少书、
去过多少地方、赚到多少钱,

35 岁的她, 依旧困在爸妈这段
难堪的关系里。

她发现,
跟妈妈待在一起时,
自己会很累;

甚至觉得, 妈妈也不是真的爱她,
只是把她当成伤害爸爸的工具。

她开始想逃避妈妈,
跟爸爸又始终亲不起来,
在这个家里,
她似乎成了最孤独的那一个。

而这位来访者爸妈的关系，会因为多了这个女儿"夹心人"而变好吗？

没有，他们的矛盾反而更深了。

正是因为父母不敢面对夫妻关系中的冲突，逃避解决两人之间的矛盾，才会把孩子这个第三方拉扯进来。

长此以往，问题不仅没有得到解决，反而被固化了，

把孩子夹在中间，夫妻两人就没法向对方靠近一步。

再说了，我们是成年人啊，无论遇到什么伤害、冲突，我们的力量始终比孩子要大得多。

怎么可以把这一份沉甸甸的责任，压在孩子柔弱的肩膀上呢？

所以啊，无论是出于对孩子的保护，还是出于对夫妻关系的维护，我都非常不建议父母拉拢孩子，把孩子当成"夹心人"。

相反,我们要让孩子知道,爸爸和妈妈,
有能力去解决两人关系中的问题。

妈妈,你昨晚和
爸爸吵架了吗?

嗯嗯,我们对于家务有一点
不同的看法,不过已经商量
好了,你不用担心哦!

无论发生了什么,
爸爸妈妈依旧会爱孩子。

我是慢慢,一个不需要"盟友"的
独立妈妈。期待下次与你再见。

家庭治疗师莫瑞·鲍恩曾对这种现象，提出了一个"三角理论"——在一段两人关系里，当他们无法处理问题和矛盾时，会很自然地利用第三方，来缓解双方的情绪冲击。

对伴侣来说，这个第三方常常是他们的孩子。

虽然说，孩子是夫妻之间最强的情感连接，但别忘了，孩子也是家庭中最弱小的角色。当爸妈让两人关系中的焦虑成分"溢向"孩子，甚至想依靠孩子来帮忙解决时，孩子可能会出现两种问题：

第一，他们可能过分早熟，变成"小大人"去提供安慰、建议或者恳求，以此来降低爸妈之间的冲突。

第二，他们可能会变成"问题儿童"，用自己的不当行为来吸引爸妈的"火力"。

也就是说，在这种拉扯的"三角关系"里，夹在中间的孩子是极有可能成为牺牲品的。

他们是桥梁，是武器，但唯独不是他们自己。

04 孩子太情绪化了？
如何应对孩子的 "敏感期"

曾经在网上看到一句
很扎心的话：

孩子眼里无小事，爸妈少说"没关系"。

我想起了朋友小宁。

小时候的她，在大人眼里是个敏感难搞
的小孩，总会因为一点"小事"而哭闹。

不管是讲了笑话没人听，

妈妈忘了带她去公园，

还是被姐姐夹走碗里的汤圆，

她都会哭得很厉害。

而爸妈总是说："一点小事就嚎个不停。"
有时还会拿出鸡毛掸子吓唬她，让她别哭。

慢慢地，小宁学会了忍住不哭。

长大后，在一次心理咨询里，
她聊到了童年的这些"小事"，
咨询师听完后，点了点头。

听起来，这些都不是小
事，因为你当时的感受
就是很强烈的。

当时，她的眼泪一下子就流了出来。

"孩子只是不小心绊倒，
为啥还是哭个不停？"

小宁的故事让我很感慨，
因为像她爸妈这样的现象，
在中国家庭里并不少见。

"小宝的玩具被邻居借走，晚上我就
拿回来了，怎么她还在生气？"

我就经常能看到这样的留言——

"骗儿子说妈妈要两天不回家，
我已经解释是假的，他还说要
跟我绝交……"

在收到这些提问时，我感觉每个家长头上都顶着一个大大的问号。

这些不都是小事吗？

为什么孩子这么情绪化？

是不是太大惊小怪了？

在这里，我统一回答：不是。
这些都是孩子敏感的表现啊。

作为一个 8 岁男孩的妈妈，
我很能理解为人父母的不容易，
但今天我还是想提个小建议——

当爸妈的，
要重视和保护好孩子的"敏感"。

我认为原因主要有两个。

第一，
孩子的世界和大人的世界，
是非常不一样的。

幼儿教育家蒙台梭利，曾经提出
孩子的"敏感期"这个概念。
大意是说，每个小孩，都会对早年的
生长环境异常敏感，
他们对外界的感知，要比成年人
更生动、具体、激烈。

就拿前面的留言来说——

大人摔倒了，重新站起来就好；
孩子摔倒了，疼痛是持久难忍的。

成年人的世界，东西有借有还很正常；
而当孩子的玩具被拿走时，失去的
感觉是很强烈的。

大人之间，偶尔的玩笑无伤大雅；

但对孩子来说，被欺骗时的难过，
可能会记一辈子。

所以你看，孩子，就只是孩子啊。
他们需要长时间的探索，来学会和自己
的情绪相处，用成人的标准来要求他们，
本来就不合理。

207

第二，珍视孩子的"敏感"，对他的成长很有帮助。

当他的敏感被看见、被尊重、被回应，他也就能真实坦然地表达自己，

而独立健全的人格，正是在一次次的表达自我中形成的。

就说我们家小航吧，他从小就护食，3岁时，有次午饭，老赵夹走了他的玉米馅饺子。

这原本只是一件饭桌上的小事，但我看到他嘟着小嘴，又皱紧了眉头，还是警惕了起来。

你怎么不开心啦？

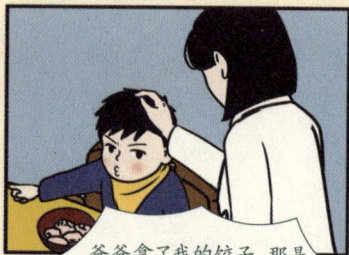

爸爸拿了我的饺子，那是我的，爸爸不能拿。

我又问他想怎么做，他低头想了一会儿。

爸爸，请你把饺子还给我。

最后，老赵要把碗里的饺子都给他，但他还是只夹回了自己那个玉米馅的。

随着年龄增长，他的边界意识也越来越清晰。

无论是同学要抢他的橡皮擦，还是陌生人想摸他的肚子，他都会理直气壮地拒绝。

我可以把橡皮擦借你，但你不能随便拿走哦。

我想，正是因为他的敏感得到了重视，所以才不会压抑自己，敢于捍卫自己的边界。

看到这，也许你还会问：

"那到底该怎么做，才能保护好孩子的敏感呢？"

我们可以练习这两个动作——

第一个是：
克制。

克制想要评判孩子的念头，少用"小事""玻璃心""记仇"这样的字眼。

如果非要说点什么，
可以试着确认孩子的感受。

比如，当孩子因为你的失约而难过时，
你可以说——

妈妈忘记带你去公园，你现在肯定很生气，对不对？

第二个是：
允许。

允许孩子用他的一切方式表达情绪，
只要不伤害到他自己。

无论孩子是哭，是跟你吵一架，
还是独自躲在房间生闷气，
都可以陪着他，在他的世界里待一会儿。

妈妈，我现在真的很不开心。

要做到上面这两点，是很不容易的，
但也是很值得的，

因为这些对孩子敏感的保护，
会让他们看见、肯定、尊重自己的感受。

只有好好尊重自己的感受，
他们才会有底气，去选择过怎样的一生。

美国心理医生伊莱恩·阿伦在《发掘敏感孩子的力量》一书中指出："敏感是一种性格特点，不是什么需要修正的毛病。对于养育者来说，接纳、适应、顺其自然就是最好的办法。"

生活里，经常能听到家长对孩子说这样的话："玻璃心""小题大做""没事找事""真难搞"……

但其实，孩子的世界和大人的本就不同，我们眼里的"无所谓"，在他们心里可能很大很大。

孩子的世界里，一片叶子、一次拥抱、一个注视，都是具体、生动的。而他们对世界的"敏感"，如果能被看见和珍视，那他们也能尊重自己的情绪，再坦然地表达。

最后，给大家分享一段我很喜欢的话："你和孩子只是有幸并肩行走一段路。你告诉他一朵花的名字，他告诉你花瓣的背面有一只蝴蝶。"

是的，不要错过孩子眼里的每一只"蝴蝶"，这正是他们对世界的敏锐捕捉。

"我要怎么来引导他喜欢学习呢?"

我的建议是, 最好别引导

前两天在后台, 看到一条留言——

小小 X

你好, 孩子今天跟我说他不喜欢读书, 他想变成小鸟, 自由自在。我要怎么来引导他喜欢学习呢?

我的建议是, 最好别引导。

不知道大家有没有发现, 每次父母越是着急地引导孩子, 孩子就越不想做。

越是催他赶紧做作业, 孩子就越是磨磨蹭蹭。

越是希望他性格能外向点, 孩子就越是害羞。

越是让他少看点电视，
孩子就越趁你不注意时偷看。

怎么电视还是热的？

……

慢慢想说，
很多时候不是因为孩子不听话、太叛逆，

而是我们当父母的，
对孩子的成长过度热情了。

我小时候也"不听话"。

小学五年级，我很爱看一部电视剧，
里面的女主角是拉小提琴的。

她拉琴时，长长的头发被风吹起，
如同站在海边的悬崖上，
看起来好酷。

在那一刻，我萌生了强烈的想学琴的念头。

妈妈起初是不答应的，
但在我反反复复的软磨硬泡下，
她终于松了口。

学是可以学，但你以后学校考试都要前三名，而且学琴也不能半途而废，每天晚上都要练一个小时才行。

点头

于是那段时间，我再没看过电视。

放学后赶紧吃饭、写好作业，
就开始专注练琴。

本来这是我自己喜欢做的事情，
但久而久之我发现，
妈妈对我学琴的热情，也越来越高涨。

每天晚上妈妈不再去遛弯，
而是待在家里，盯着我练习。

还常常要求我快点考级，
参加各种小比赛。

我们当爸妈的，最重要的
是监督好孩子，你看我家
孩子学琴之后，我都没跳
过广场舞了。

但不知道为什么，
我却越来越不喜欢小提琴，

每次上课前都要磨磨蹭蹭，
晚上也找各种理由不愿练习。

作业写快点，待会
儿还得练琴呢!

我都说我没空练了! 都
快中考了，能不能让我
安心学习啊?

后来在上高中时，
我干脆以学业加重为借口，
彻底地放弃了这门乐器。

现在回想起来，
当时的我，有一个很深的感受。

我不再是为了自己练习，而是
为了让妈妈满意。

而且，我的琴练得再好，
好像也不是因为自己的努力，
而是妈妈日夜催促的结果。

渐渐地，在学琴这件事上，
我失去了价值感、成就感，
很难再感受到纯粹的快乐。

216

我想说的是，在孩子的成长过程中，不管是练琴还是读书，

当爸妈的热情超过孩子的热情时，很有可能会破坏孩子的动力。

不只是孩子，大人也是一样，

当别人对自己的事情特别上心时，也会削弱我们的主动性。

闺蜜阿丽本来打算去运动，她的朋友知道后，非常主动地给她各种建议，还按时监督她。

但她练了两次，就再也不想去健身房了。

你一定要买这款鞋子，透气又弹性十足，很适合初学者。有几个课程特别有用，你每周练 3 次……

老赵也是，

有时候，他正准备去晾衣服、干点家务，我一催，他干脆就躺在沙发上不起了。

老公，你怎么还没晾衣服啊？

……

你看，无论小孩、大人，我们每个人
都希望能对自己的事情做主。

当我们充分体验自己的感受，
充分表达自己的需求，
我们才能拥有"自体感"。

当别人过度干涉我们的
想法和计划时，
为了维护"自体感"，
我们可能会拖延，甚至直接放弃。

所以，当我们面对孩子时，
要保持一种觉察。

警惕自己的热情
超过孩子的主动性，

小心自己的感受
覆盖了孩子的感受。

最关键的是，
我们可以给孩子多一点信心，
不必过分担忧，也不必过分引导。

就像开头留言的那位妈妈，
与其给孩子贴上"不爱学习"的标签，
再想方设法地去引导孩子，

不如给孩子多留点个人空间，
让他们能够更"自主"地学习和成长。

妈妈，我看书上说，
世界上最快的小鸟，
一小时能飞389公里，
超厉害的！

妈妈、你能不能再给
我买一本小鸟的书？

我以后想变成一个飞行员，
比小鸟飞得还快。

在这个过程中，
我们也无须那么疲惫、那么紧张，
不妨以一种"放松、观察"的心态，
来欣赏一个生命的长大。

219

法国儿童精神专家克里斯丁·弗拉维尼曾做过一个研究，她发现：经常被父母催促的孩子，长大后要么成了"极度依赖型"，事事不主动，全凭家长安排；要么成了"极度反叛型"，专门和父母的意见对着干。

　　在我看来，不仅仅是催促，父母过度热情地引导孩子，介入孩子的生活，都会使孩子产生一种对抗的情绪。因为，孩子感受到自己的"自体感"被父母侵占和破坏了。所以，父母想跳出"孩子越催越废"的怪圈，最有效的方法就是，在自己和孩子之间设立一些界线，尊重孩子的个人空间。

　　父母愿意松松手，孩子的生命力才有机会得到伸展。关心和爱，就会在彼此之间流动。

抱住棒棒的自己

作者 _ 徐慢慢心理话

产品经理 _ 陈佳敏　　装帧设计 _ 向典雄　　产品总监 _ 何娜

技术编辑 _ 白咏明　　责任印制 _ 陈金　　出品人 _ 王誉

营销团队 _ 毛婷 魏洋

鸣谢（排名不分先后）

孙烨 滑麒义 石敏

果麦
www.guomai.cc

以 微 小 的 力 量 推 动 文 明

图书在版编目（CIP）数据

抱住棒棒的自己 / 徐慢慢心理话著绘. -- 杭州：
浙江文艺出版社, 2021.10（2022.5重印）
ISBN 978-7-5339-6635-5

Ⅰ.①抱… Ⅱ.①徐… Ⅲ.①心理学－通俗读物
Ⅳ.①B84-49

中国版本图书馆CIP数据核字(2021)第199303号

抱住棒棒的自己

徐慢慢心理话　著绘

责任编辑：金荣良
装帧设计：向典雄

出版发行　浙江文艺出版社
地　　址　杭州市体育场路347号　　邮编　310006
经　　销　浙江省新华书店集团有限公司
　　　　　果麦文化传媒股份有限公司
印　　刷　天津图文方嘉印刷有限公司
开　　本　880mm×1230mm　1/32
字　　数　70千字
印　　张　7.25
印　　数　115,301－125,300
版　　次　2021年10月第1版
印　　次　2022年5月第8次印刷
书　　号　ISBN 978-7-5339-6635-5
定　　价　59.80元